U0208923

Rapid Urban Planning Design
Expression of Spacial Form

城市规划
快速设计

空间形态的表达

张赫 王睿 高畅 编著

华中科技大学出版社
http://www.hustp.com
中国·武汉

图书在版编目（CIP）数据

城市规划快速设计：空间形态的表达 / 张赫，王睿，高畅编著. —武汉：华中科技大学出版社，2019.4
ISBN 978-7-5680-4877-4

Ⅰ.①城… Ⅱ.①张… ②王… ③高… Ⅲ.①城市规划–建筑设计 Ⅳ.①TU984

中国版本图书馆CIP数据核字（2019）第036635号

城市规划快速设计：空间形态的表达

CHENGSHI GUIHUA KUAISU SHEJI: KONGJIAN XINGTAI DE BIAODA　　　　　张　赫　王　睿　高　畅　编著

出版发行·华中科技大学出版社（中国·武汉）	电话：（027）81321913	
地　　址：武汉市东湖新技术开发区华工科技园	邮编：430223	

策划编辑：张淑梅	版式设计：赵　娜	
责任编辑：赵　萌	责任监印：朱　玢	

印　　刷：武汉精一佳印刷有限公司
开　　本：850 mm×1065 mm　1/16
印　　张：10
字　　数：221千字
版　　次：2019年4月第1版 第1次印刷
定　　价：68.00元

投稿邮箱：zhangsm@hustp.com
本书若有印装质量问题，请向出版社营销中心调换
全国免费服务热线：400-6679-118 竭诚为您服务

序言一

　　天津大学建筑学院城市规划专业历史悠久，1955 年即由建筑系开设城市规划教研室。1963 年开始招收城市规划研究生，并于 1988 年开始招收城市规划专业本科生。1997 年天津大学城市规划系在原城市规划教研室的基础上正式成立，并于 1998 年获批城市规划与设计博士学位点。继 2000 年首次参加并通过了全国高等学校城市规划专业教育评估之后，又于 2004、2010、2016 年以优异成绩通过评估。2011 年天津大学"城乡规划学"成为一级学科，同年获评天津市重点一级学科。

　　城市规划系依托天津大学交叉学科平台，构建起科研、教学相结合的专任教师团队，在不断进行教学改革的过程中，形成独具特色的本科与研究生课程培养体系，注重产、学、研相结合的多元化教学方式，注重教学质量的提高和扎实学科基础的训练，由此学科建设成果丰硕。学生在国内外规划设计竞赛中屡获大奖；城乡规划专指委竞赛历年选送城市设计作业全部获奖，特别是高奖次获奖率在国内同类院校中稳居前列。

　　城市规划快速设计作为城市规划专业人员的基本技能之一，是规划思维和设计意图最快速直接的一种表达形式。快速设计能力也是我系在教学体系中较为重视的一环，为了培养快速设计能力，我系已经形成了较为成熟的培养方法与训练技巧。本书从设计要素积累、空间结构组织、方案设计方法、绘图表现技巧等内容详细讲解了快速设计的练习方法和绘图步骤，并通过多类型快速设计案例展示了我校在城市规划快速设计训练方面的办学理念与成果，以达到学生、教师及从业人员进行学术探讨和专业交流的目的。本书所有成果供各方城市规划专业人士共同研讨，不足之处望大家批评指正。

天津大学建筑学院城乡规划系主任

序言二

　　这是一本城乡规划专业的快速设计学习参考书。作者张赫博士是天津大学建筑学院的一名青年教师，在从事城乡规划教学与实践工作中，他大量接触了设计前期规划设计师的基础性工作——手绘设计草图。

　　结合这些年设计教学工作的经验，他在书中归纳总结了自己对草图设计这项古老的技能的理解与认识，提出了一套对在校学生及青年设计师群体来说比较行之有效的草图设计基础性表达训练方法。书中通过大量示范性的学习性、实例性的草图图解，解析了不同学习、设计阶段，循序渐进式草图设计的步骤与技法。这些范例图化繁为简，文字说明深入浅出，十分适合刚刚进入规划专业学习的学生群体。

　　伴随设计师职业的出现，草图设计很早就成为建筑师、规划师及景观设计师们的一项必备的基本职业技能。在计算机时代之前，草图设计一直是设计师表达设计意图与技术参数的基础性、专业性的技术文件之一。可以说，设计草图是实现设计师的设计思考，并将设计创意、构思进行初步表达的最基本的图形语言与手段。20世纪进入计算机时代，这项技能受到了不同程度的冲击。最近三十年，伴随数字技术革命，建筑、规划设计逐步从纯手工的技术创造与劳动转化为以计算机为主要工作平台的技术创作型劳动，似乎那种纯粹的手脑并用的艺术性、创造性结合的工作很多已被高效的计算机代替了，设计师正在不断远离这种亲历而为式的、以手脑结合塑形为特征的创作型劳动，转向了坐在计算机前的具有技术工人特点的设计工作。在设计院，草图设计技能也不再是设计师职业的敲门砖，绝大多数设计师一般不再绘制设计草图了，转而用计算机完成绝大部分设计图的制作工作。在当今中国，快速城镇化进程给设计机构带来了过多的、繁重的设计任务，也让注重效率的设计公司不再追求让设计师花较多的时间用画草图这门古老的技能对方案进行推敲。当今设计草图不再时髦了，也不够高效，可能只是设计师们的小趣味了。

　　然而，在进入职业前的学生时代，通过专业学习的过程，系统了解并掌握一定的设计草图的技术方法是十分必要的。设计技能培养涉及了空间造型能力、空间想象能力、空间解析能力的培育。客观地讲，所有的设计创作过程均离不开手脑结合的从设计想象到形态描绘的基本过程。大学时代的职业教育的目的之一是培养设计师的职业素养与表达能力，使其理解并掌握从事设计工作的技能与规律，具有良好的草图设计能力是实现职业要求的基础技能之一。在今天，虽然人类拥有了似乎无所不能的计算机，而设计草图这项技能仍然具有其实用性，也能够帮助设计师理解和思考一些设计的基本问题。草图是一种设计文化，今天我们远未到告别它而全盘数字化的时代，只要设计是依托人脑而进行的工作，那么这种文化就不会消亡。

我推荐大家读这本书的目的在于，通过学习草图设计而充实你的职业工作技能，并能弥补计算机不能完全做好的一些工作。设计草图作为一种手脑结合的技能，还能使设计人在职业过程中突破专业的束缚，享受"妙笔生花"的快意，乃至达到"心图合一"的境界。草图设计技能也应该是设计师的一种修养，它能帮助你去掉浮躁，静下心来思考。天津大学的建筑、规划教育几十年来秉承"实事求是"的校训，在大学教育中历来重视以草图设计能力培养为特点的设计教学环节。笔者作为经过先辈的培养、具有三十年教龄、也带出了很多学生的教师，深切感受到这项古老的技能对青年人进入职业设计师阶段的重要性。

不管怎样，作为追逐潮流的职业设计人，请不要总是让计算机代你作图，拿起笔和纸，让草图与你为伴，会赋予你更多的思考与灵感，可成就你的设计师的人生。

天津大学建筑学院城市空间与城市设计研究所所长

序言三

在如今这样一个智慧技术、智能技术、互联网技术等新技术飞速发展的时代，以大数据、数字化为代表的定量化研究、设计方法正在城市规划领域快速兴起。再加上计算机及便携式移动设备上软硬件水平的逐步提升，城市规划已成为了全面计算机制图的行业。与此相对应的是，以运用传统工具制图为代表的手工制图技术训练也几乎在各大城市规划专业高校的课程体系中消失了，手工制图几乎成了"上一代人"的"专利"。然而，在现实的城市规划工作中，以入职快题考试、研究生入学快题考试等为代表的快速手绘设计，始终占据着行业选拔门槛的头把交椅。很多城市规划专业的学生和从业者不禁要问：手绘设计与手工制图到底起着什么样的作用，能否在未来被计算机制图彻底取代？其实，这个问题就像人工智能能否有一天战胜人类智慧一样，不论怎样，必要的手绘设计训练是学习、掌握城市规划基本知识，感受、把握城市建筑尺度，思考、解析城市规划过程的最重要手段。因此，无论时代如何变化，以计算机制图为手段的规划表达，因其准确、高效必然成为城市规划领域最终成果呈现和法定成果制作的不二选择。而以快速手绘设计为手段的规划表达，也会因其在速度、创造性、审美性上的独特优势，必然在城市规划的学习、方案设计的初步构思和规划成果的简易呈现方面继续发挥主导作用。

本书的写作既是对上述时代拷问的思考，更是笔者十余年城市规划专业经历的体会。感谢天津大学城市规划专业的教师当年给予学生传统建筑教育背景的扎实基本功训练，让笔者从墨线、渲染、马克笔、尺规等一系列的作业中学到了手绘设计和手工制图的本领。也得益于后来在天津大学建筑学院城市空间与城市设计研究所的学习和工作经历，笔者在大量的专业实践和教学中，始终坚持了对手绘快速设计的应用。正因如此，笔者真正体会到了快速设计在城市规划调研、初步方案比选、局部方案构思深化等方面巨大的辅助作用，进而萌发了本书的创作初衷。书中我们从城市规划快速设计的类型、目标、意义讲起，在评价标准、过程难点分析的基础上，重点介绍了空间方案阶段的快速设计的侧重。并按照先易后难的顺序，构建了城市规划快速设计中"要素积累—结构构思—限制选择—表现手法"的循序渐进的学习过程。而在实例选取上，为了展示城市规划快速设计的全貌，我们除了空间方案阶段的案例，也选取了一定数量的用地布局、功能定位阶段的案例草图，供大家理解、思考城市规划快速设计在规划过程的启发和深化作用。

在本书的编写过程中，得到了来自天津大学建筑学院城乡规划系运迎霞、陈天等多位老师的大力支持，更在实例部分的选图过程中收集了三年级教学组蹇庆鸣、四年级教学组何邕健、五年级教学组夏青等负责老师的大量素材，在此一并表示感谢。考虑到本书编写的初衷是面向全体城市规划从业者，所以在选取的实例中，除了笔者近年的工程项目外，还包含了天津大学建筑学院城乡规划系的部分优秀学生作业，在此，也对当年的所有同学表示感谢。然而，部分实例由于年代的久远或者档案归类的差错，现在已无从考证具体绘制人员，我们只能以图纸归属单位署名，在此深表歉意。此外，天津大学硕士研究生徐超、董雪玲、郭潇玲参与了书中部分章节的写作工作。在前半部分的插图绘制中，徐超、于丁一、董雪玲、郭潇玲提供了必要的协助。在后半部分实例的整理和编辑中，王懿宁、张嫱、徐超、董雪玲等也付出了大量的时间和精力。在此，对所有为本书的出版作出了努力的同学表示由衷的感谢。

　　由于时间和水平所限，书中还有很多细节上的不足之处。在三维空间的构思与表达、快速设计的深化及与计算机制图的衔接等方面，笔者也未能进一步展开写作内容。所以，一方面希望广大读者、业者能喜欢我们的表达方式，从中学到城市规划快速设计的技巧；另一方面，更希望大家能给我们提出宝贵的意见，在帮助我们进步的同时，为天津大学建筑学院城乡规划系的教学改革提供经验和建议。

2019 年 3 月于北洋园

目 录

第 1 章　绪论

1.1 城市规划快速设计及其方案评价

1.1.1 什么是城市规划快速设计？

城市规划快速设计（以下简称快速设计）是指在较短的时间内完成规划设计方案及其表现、说明的一种设计形式。其体现的是城市规划设计的综合能力，包括思维能力、分析能力、理论能力、创新及表达能力。城市规划快速设计因其目的和对象的不同又可以分为规划调查阶段的快速设计、规划构思阶段的快速设计以及空间方案阶段的快速设计。其中空间方案阶段的快速设计是体现城市设计构思，反映城市基本功能布局，快速验证任务书要求或体现委托方思路的重要规划手段，更是对城市规划综合能力和基本功的体现。这是本书的重点。

按照设计周期不同，快速设计往往分为多日快速设计、6~8 小时快速设计、3~4 小时快速设计。从设计尺度上分则可分为区域层面的大尺度城市设计以及街区层面的详细城市设计。虽然分类方法有所不同，但各个类型的城市规划快速设计在设计要素的积累、空间结构的构思、规划方案的逻辑与方法、手绘表现技巧等方面均有共通之处。本书即从以上几个方面对快速设计的基础知识和空间表达方法进行详细阐述，以便于从业者逐步提升城市规划快速设计的综合能力。

1.1.2 什么是优秀的快速设计方案？

无论是应用性质的快速设计，还是考核性质的快速设计，一定会涉及对设计方案的评价与考核标准，一个被评价为优秀的快速设计，往往是对任务书的理解较为深入、对设计要点掌握准确、对空间形态表达清晰到位，绘图技巧成熟练达的较完整的快速设计方案。（本书在第一章绪论部分"1.4 城市规划快速设计方案的评价标准"中将详细阐述快速设计的评价标准。）一个优秀的快速设计往往可以反映出从业者扎实的城市设计功底、对城市规划原理及基础知识掌握的程度，以及对相关规划政策与走向的了解程度。因此，对于快速设计训练不仅涉及图面效果的表达技巧，更涉及规划知识运用能力、空间要素组织能力、空间结构布局能力、读题解题分析能力。因此，本书针对不同类型的快速设计，提出设计要素积累、空间结构组织、方案设计方法、绘图表现技巧四个方面的快速设计综合能力提升方法。

1.1.3 不同目标下的快速设计都练（考）什么？

在城市规划专业学生的学习工作过程中，快速设计将伴随始终。从学习过程中的多日手绘快速练习到工作中的 3 小时手绘方案表达，均需要城市空间形态的训练与表达。按照设计阶段与设计目标不同，快速设计可以分为以下四类。

1.1.3.1 项目推敲型：调研阶段快速推理，规划阶段布局构思，城市设计阶段方案比较

项目推敲型快速设计往往应用于真实项目编制过程之初，其主要目的为通过快速手绘方法提出方案设计思路与多方案比较的选择。因此该类快速设计，往往对图纸表达的精细程度、完整程度要求不高；而对规划结构的清晰合理与规划思路主题的明确程度要求较高。但项目推敲型快速设计更需要设计者具备较为扎实的规划尺度与空间组织基础，须保障空间形态表达准确、方案思路清晰突出。

1.1.3.2 单位招聘型：规划知识的运用能力，空间表达技巧的熟练程度，实际问题的解决方案

单位招聘型快速设计，其主要目标在于选拔优秀的未来从业人员与符合所在单位实际需求的类型化人才。因此，此类快速设计往往更重视考核应试者对于基础知识的运用、对规划发展趋势的掌握以及对规划设计表达的熟练程度。该类快速设计考核往往具有"考点"性质，即对读题审题能力的考核、对实际项目参与熟练程度的考核，以及对规范掌握程度、对政策与规划动态反馈能力以及解决实际空间问题能力的考核。因此对应试者规划能力的综合考评要求较高。

1.1.3.3 入学考核型：基础知识的运用，空间形态的表达技巧，空间组织的综合能力

以研究生入学考试为代表的入学考核型往往是城市规划快速设计中最为常见的一种类型。考研中的快速设计往往是对规划基础知识及空间设计能力的综合考核。入学考核型的快速设计往往注重规划设计的全面性，即是否具有一定的城市规划知识基础、是否具有空间设计的综合能力、是否具备快速表达的基本技巧。因此，该类快速设计往往需要应试者对基本规划知识具有一定的了解，对快速设计方法进行大量系统化的训练。

1.1.3.4 课程训练型：基本空间设计能力的初步训练

这种类型一般会依托授课阶段的设计课程，结合教学安排同类型的规划快题，类型事先已经明确，准备起来也有较强的针对性。而课程训练型快速设计不同于以上三类快速设计类型，其时间限定及评价标准均较为宽松。从时间上，此类快速设计根据课程深度要求不同，分为多时快题和多日快题，并会在练习前期给出一定的类型要求，供学生提前积累素材。从评价标准上，该类型快速设计往往更注重基本空间尺度的准确和基础规划知识的反馈。因此课程型快速设计往往更注重基本功训练：设计要素的积累、空间结构的基本组织方法、绘图基本技巧等。

1.2 城市规划快速设计的类型与侧重

快速设计主要内容的类型众多，相关书籍的分类方法也较为不同。本书采用单一功能区快速设计和复合功能区快速设计两大分类，对现有快速设计的主要内容进行分类。

1.2.1 单一功能区快速设计

单一功能区快速设计是指对单一功能或以某一功能为绝对主导的街区进行规划设计，按照功能不同可以分为居住区快速设计、商业区快速设计、校园区快速设计、办公区快速设计、城市公园快速设计及工业仓储区快速设计等。单一功能区快速设计往往属于小尺度修建性详细规划层面的规划快速设计类型。其表达的侧重往往倾向于各类功能区的建筑、交通、景观要素的空间组织合理性、全面性与规范性。因此，单一功能区快速设计往往倾向于对城市规划基本知识与快速设计基本功的展现。

1.2.1.1 居住区快速设计

居住区是现实城市面积最大的组成部分，更是城市规划快速设计中基础的设计内容之一。居住区设计主要以居住建筑、生活配套（如幼儿园、小学、会所、居委会、老年活动中心、配套商业等的设施）建筑布局为主要内容。其设计要点的侧重点往往集中于以下三点：1）规范性，即居住建筑、公共服务设施建筑布局的退线、间距、尺度、布局及规模是否符合规范要求；2）合理性，即内外道路系统组织是否合理、住宅类型选择是否符合容量要求等；3）成熟度，即居住空间、景观系统组织手法的成熟度。

1.2.1.2 商业区快速设计

商业区是现代城市中心区及不同分区核心中的重要功能组成部分，以商业服务和文化娱乐设施为主要功能，兼具城市公共活动空间属性。商业区设计要充分考虑基地空间的城市共享性，解决好人流与车流的汇聚与疏散问题。因此，商业区快速设计的侧重点往往集中于以下三点：1）商业建筑空间组织的灵活性、合理性与规模尺度的适宜性；2）交通系统须考虑人流、车流的流线设计问题，尽量做到人车分流；3）景观系统的丰富性，步行空间与开敞空间的联系性、丰富度与多样性。

1.2.1.3 校园区快速设计

根据校园区的类型、规模及性质的不同，校园区快速设计包含的功能类型差异较大，同时绘制的深度与复杂度也有所不同。校园区快速设计的侧重点往往集中于以下三点：1)校园区功能组织合理，包括教学区、公共办公区、生活区、文体区等；2）校园交通组织合理，尤其在规模较大的校园，交通组织的合理性是设计的重要内容；3）校园景观的设计亮点。

1.2.1.4 办公区快速设计

办公区在现代城市中也是基础性功能区域之一，其主要包括办公建筑、交通设施、景观小品以及配套附属用房等。办公区快速设计的侧重点往往体现了规划设计的基本功底：1)不同尺度、规模办公建筑空间组织的尺度合理、空间形态成熟与丰富；2）车行、人行、地上地下停车、出入口位置等交通流线的合理性与规范性。

1.2.1.5 城市公园快速设计

城市公园快速设计按照城市公园规模大小往往表达的深度和表现思路有所不同。作为景观核心节点的城市公园，其快速设计往往侧重于：1）绿化、水体等景观节点的灵活性、主题突出性与多样性；2）功能分区布局与流线组织（尤其是人群游赏流线）的合理性。而作为普通景观区域或自然本底区域的城市公园，其快速设计往往侧重于绿化水体景观表达的成熟与表现技法的熟练。

1.2.1.6 工业仓储区快速设计

工业仓储区往往出现于城市边缘、产业型小镇及各类产业园区规划之中。工业仓储区往往根据其产业类型、所在地区不同对绿化、交通、空间布局有较强的限定作用，因此对于工业仓储区的快速设计往往更应注重以下几点：1）限定因素的影响，例如污染企业的空间布局与城市风向的关系，仓储用地规模位置与物流交通需求的关系等；2）绿地系统的合理设置，例如须在有污染工业用地与居住用地之间设置一定宽度的绿化隔离带等；3）处理好工业仓储区与周边环境的关系，例如主要道路交通的对外衔接，交通场站点的功能联系与交通疏散等。

1.2.2 复合功能区快速设计

复合功能区快速设计是指多功能组织的多街区或城市片区规划设计。复合功能区按照区域位置和限制条件不同有多种分类方法，本书从快速设计的众多类型中仅列举较为常见的几种进行逐一说明，包括城市中心区设计、城市新区设计、旧城改造地区设计、交通枢纽周边区域设计、产业园区设计和风景旅游区设计等。复合功能区快速设计往往应用于较大尺度控规或城市设计层面的规划设计。其表达的侧重往往倾向于各类复杂空间的建筑、交通、开敞空间等多系统综合布局能力与城市宏观结构的把控。因此，复合功能区快速设计往往倾向于对城市规划知识、空间组织手法和手绘表达的综合能力的运用，也是近年来城市规划师从业中较常见的快速设计类型。

1.2.2.1 城市中心区设计

城市中心区设计是较为常见的设计类型，往往包括商业、办公、居住、开敞空间或文体设施等。其主要设计内容综合性较强，对设计者的城市规划基础知识全面，对于各个功能的城市空间具有良好的设计功底，以及对于不同类型城市空间的整体组织能力突出等要求较高。

1.2.2.2 城市新区设计

城市新区设计往往类似于城市中心区的快速设计，一般包括行政办公、商业办公和居住功能，也展示从业者的城市设计综合能力。城市新区设计往往比城市中心区设计不受现状既有建筑约束而更为灵活，因此对于城市新区的快速设计往往侧重于对主要新区功能核心的表达和亮点的设计等。

1.2.2.3 旧城改造地区设计

旧城改造地区设计为在旧社区或既有城市建成区中进行城市更新设计，对于现状既有建筑的保护、保留、拆迁等往往是该类设计的基本内容。在此基础上，如何做到城市更新空间与既有保护建筑和城市肌理文脉相呼应、相协调是该类设计的主要难点。

1.2.2.4 交通枢纽周边区域设计

交通枢纽周边区域城市设计是近几年来城市设计中常见的方案设计类型之一。该类型往往以交通站点为核心，综合布局城市商业、商务、文化等核心城市功能。其站前多类型交通流线布置的合理性与联系性、功能布局的完善，多尺度空间形态的融合协调与亮点设计是该类型设计的侧重表达部分。

1.2.2.5 产业园区设计

产业园区设计往往是城市新区或城市边缘区等其他复合类型快速设计中的一部分，部分规模较大的产业园区也需要单独的、详细的空间设计表达。产业园区设计是城市设计中的基本类型之一。产业园区的设计重点往往在于道路交通系统和绿地景观系统的体系化，功能配置的合理性，以及科研、行政办公区域的核心化设计。

1.2.2.6 风景旅游区设计

风景旅游区设计是复合类快速设计中较为专项的一种，包括对景区功能游线的设计和酒店公共服务区域的设计。该类设计的难点在于自然景观地形与建筑空间之间的协调处理方式以及合理设计功能流线。

1.3 城市规划快速设计的目的与意义

1.3.1 城市规划快速设计的目的

城市规划作为对城市发展和城市空间布局的综合部署，其实质是对城市空间利益的协调与分配。城市规划快速设计作为城市空间布局的快速设计模式之一，在多元化、综合性的社会发展背景下，更加需要统筹把控规划整体的综合性、可实施性与创造性。如何在物质层面实现理性功能和感性美学的完美结合，同时兼顾现实城市问题的解决与现实条件的局限性，合理分配空间资源，实现城市物质空间的高效使用与公平多样性的使用需求，是快速设计过程中的关键环节。因此，城市规划快速设计的目标是以快速手绘的设计方式，反映不同利益群体的主要发展建设思路、空间结构、系统建构以及规划价值取向等核心方案内容，以助于后续规划工作的合理开展、总体把控与快速落实。简单地说，城市规划快速设计是规划方案核心内容的系统有序化表达，而非建筑或景观要素的简单堆砌或美化构图。这也是本书在设计要素积累、空间结构组织、方案设计方法、绘图表现技巧四个方面所表达的核心要义。

1.3.2 城市规划快速设计的意义

那么，城市规划快速设计与直接使用计算机制图的规划方案相比，其主要的差别和优势有哪些呢？或者说，方案之初先进行快速设计的主要意义是什么？了解该问题有助于更为深刻地把握快速设计方法的重点及难点。

1.3.2.1 提升快速空间规划与组织能力，培养必要的空间尺度感

进行手绘快速设计，有助于培养从业者良好的空间尺度感、空间整体格局的把控能力。避免计算机制图"缩放"影响下的"微观准确而整体失控"或"过度细致而方向不清"等现象。

1.3.2.2 提升空间想象能力，培养规划多系统的整合与表现能力

通过鸟瞰、透视等三维视角的训练，不但能培养从业者良好的空间想象能力，更能从系统叠加与主次分明的角度，训练提升多系统的整合衔接能力。此外，手绘表达的局限恰恰促进了规划中寻找重点、解决难点的能力。

1.3.2.3 更利于实现规划设计的创造性、灵活度，发挥比较优势

手绘快速设计往往体现出与计算机制图所不同的灵活性，并可通过快速灵活的调整方式实现空间创造过程的不断尝试与更新调整，从而在多方案必选、设计意图与空间意向的快速呈现、空间体验的局部修正等方面，体现出独有的优势。

1.4 城市规划快速设计方案的评价标准

1.4.1 基本评价准则

对于城市规划快速设计的评价标准，在以往快速设计考核类书籍中反复阐述，其评价标准根据快速设计的不同组成部分可分为设计任务及特点方面、用地功能布局方面、空间布局与景观设计方面、规划技术经济指标方面、图面表现技能与图纸表达方面。但考核类的快速设计与从业者进行快速设计过程仍有一定差异，往往参照"结果"导向的快速设计评价标准也难以对快速设计过程及核心方法形成清晰的认识，在进行快速设计方案绘制与练习过程中仍无法入手。本书根据城市规划专业领域对于快速设计的普遍性评价侧重出发，提出以下四大评价准则。

第一准则，应做到"快速准确"。"快速准确"是快速设计评价中的基础性评价标准，即达到"及格"标准，其内涵在于应做到快速表达和准确表现。其中，"快速"体现在整体构思和绘制时间较短，"准确"是指建筑形态、功能、尺度没有"硬伤"。因此，要达到这样的基本要求，其基本空间形态的素材积累、规划基础知识的熟记以及设计要素类型的熟练运用都是从业者必备的基本快速设计技能。

第二准则，应做到"结构清晰"。"结构清晰"是指空间结构的表达明确而合理，核心功能区设计突出、

规划系统完整、明确等。"结构清晰"往往是熟练运用城市空间设计方法及空间语汇表达能力的集中体现。空间组织的技术技巧运用往往是达到该标准的关键。"结构清晰"是在"及格"的基础上，评价快速设计方案"成熟"的重要标准。

第三准则，应做到"设计出亮点"。方案让人"眼前一亮"，往往是快速设计的较高境界，同样该层次的达到需要以前两者为基础，如果表达不清晰、不明确，就无法体现亮点所在了。"亮点"体现在突出表达了较鲜明的规划主题、较灵动成熟的空间组织模式或从空间布局的角度较为清晰地解决了实际规划问题等。"亮点"往往抓住了快速设计的关键性问题和限定性因素，在空间中予以设定、布局、解决与突出。因此"出亮点"既是出思维的亮点，也是出空间的亮点。

第四准则，应做到"图纸美观"。绘图表现的美观与否有时也会影响以上三个评价准则的判断，一个成熟而优秀的城市规划快速设计方案，首先其绘图的线条、笔法、颜色的选择就影响了整体方案思维的突出程度。一张笔法混乱、用色暗沉的图纸，往往无法做到"结构清晰"与"亮点突出"，从而大大影响了从业者的设计表达。图纸的美观、整洁、技巧成熟，也需要大量的练习与反复打磨，而非几日之功。

以上四个准则是评价快速设计好坏的基本要素，须通过系统训练与设计方法不断丰富，才可达到上述优秀快速设计的评价标准，而无法通过几日的突击做到。因此本书针对以上标准提出了详细的"设计要素—空间结构—方案设计—绘图表达"的空间表达系统化练习方法与相关知识。

1.4.2 系统评价标准

除了基本评级准则外，从快速设计的主要内容和完成步骤分析，可从以下五个系统对快速设计方案的优劣进行审视。

1.4.2.1 对快速设计现状条件或任务书的理解与反馈方面

（1）对现状或任务书限定条件理解是否充分并完整地反馈在图纸上；

（2）对任务书所提出的指标及配套要求是否满足；

（3）方案是否处理好与周边现状条件的关系；

（4）能否正确地理解规划用地的性质、特点与功能要求。

1.4.2.2 功能布局与空间结构方面

（1）规划主题是否明确，是否反映正确价值观及时代发展趋势；

（2）功能分区划分是否合理；

（3）规划结构是否清晰，规划核心的位置及功能设定是否合理；

（4）是否合理组织人、车交通，停车场地及出入口设计是否合理；

（5）开敞空间及公共服务设施位置配置是否合理。

1.4.2.3 建筑布局与景观设计方面

（1）建筑组群空间在尺度、功能与建筑布局方面是否合理，且设计技法是否成熟；

（2）规划区景观空间序列的设计效果如何；

（3）绿地、水系等开敞空间景观设计是否合理且设计技法是否成熟。

1.4.2.4 规划技术经济指标方面

（1）规划技术经济指标内容是否齐全；

（2）指标数值是否合理，是否满足规范与设计要求。

1.4.2.5 图面表现技能与效果方面

（1）图面及文字表达方式是否清晰、有条理、美观；

（2）图面大小及比例尺度是否达到题目要求；

（3）图纸排布、工具（钢笔墨线、水彩、水粉、彩铅或其他）的使用技法是否满足快速设计表现要求。

1.5 城市规划快速设计的过程与难点

1.5.1 城市规划快速设计的过程

为了保证本书的写作由浅入深，便于初学者逐步提高快速设计能力，书内章节顺序是按照"设计要素—空间结构—方案要点—表现技法"展开的。然而实际中，快速设计的过程却是倒置的，具体如下。

1.5.1.1 前提分析

首先要明确现状及其他限定条件，充分理解每个条件，从中分析出整体空间结构的选择模式。这里需要特别注意一些特殊条件，合理处置这些条件的特殊点才能使整个作品不出现"硬伤"。然后，要根据已有条件给出的各种信息，对规划用地进行准确的定位，同时要能够把题目中要求的指标转化为直接指导设计的数据。

1.5.1.2 方案构思

构思阶段要根据设计要求对规划用地进行定位，对地块内各种功能进行合理的安排，确定规划的主要结构。简而言之，就是将审题或现状分析获得的全部信息转化成为规划目标，从结构层面考虑整个地块的功能分区、道路交通组织、公共空间体系等，并大致确定各区块的建筑选型，确定整体地块的主、次出入口位置和人群流线组织等。

1.5.1.3 要素组合

通过方案构思的完成，可以确定各个不同功能区的大小、规模和结构，在此基础上就要进行建筑组团、单体以及开敞空间要素的组合与设计。该工作往往是快速设计工作量最大、需要时间最多的一环。在突出空间结构的基础上，完成设计要素的详细组合，就基本完成了快速方案设计的整个过程。

1.5.1.4 绘制完善

在完成方案设计后，仍然需要通过各种方式对方案进行美化，如完成墨线稿、上色、排版、撰写设计说明、绘制分析图等辅助性工作。该工作有助于为他人详细讲解方案的思路，并辅助他人读图、看图，并给人较为美观的视觉感受。

1.5.2 城市规划快速设计的难点

城市规划快速设计的整个过程往往存在诸多难点，需要清晰的认知，并针对各个难点进行重点练习与突破。本书将快速设计中诸多难点总结为以下几个关键字，便于大家理解。

1.5.2.1 "快"——因积累不够、素材不足而速度过慢或画不出来

快速设计的关键在于"快"，快速审题解题，快速组织构思、快速设计绘图，而"快速"也意味着熟练，需要对快速设计的各个环节较为熟悉，掌握建筑单体、排布等基本要素的类型及适用环境；对空间组织方法较为熟练；熟悉针对各类限制要求的解决方法。这就需要大量的对基本要素的熟练记忆和绘图练习，这些基本训练包括：建筑单体的尺度、类型与规范；组团类型的选择与组合；开敞空间的表达方式与形态构成等。

1.5.2.2 "清"——结构不清，关系不明确，空间表达混乱

空间结构清楚往往是较难掌握，甚至较难理解的关键词。所谓"结构"就是在满足建筑组群正确的尺度、布置规范等基本要求的基础上，体现空间的组织模式、整体结构以及建筑与景观之间的融合关系。设计所表现的空间结构清晰，主要来源于明确的空间组织结构与丰富的建筑形态组合形式，这里需要从业者能快速确定空间的结构组织形式，灵活运用结构类型和元素组合衔接方法，快速厘清方案的空间结构布局方法。

1.5.2.3 "亮"——不会突出，不知如何选择合理的结构并灵活表达

"亮点"的突出，往往在于面对不同的问题和限制，进行有针对性的规划设计，由此在空间表达上突出设计方案的"特殊性"。深刻地理解设计前提的内涵和要求，对空间结构形式与要素组合形式进行合理选择，是亮点突出的必备技能。其中，"亮点"设计的思维方式往往可分为宏观层面的核心空间结构的突出与中观层面的方案要素衔接。

城市规划快速设计的难点是，需要从业者进行大量基本训练并掌握设计方法，只有如此，才能逐一攻破难点。"冰冻三尺，非一日之寒"，经过长期大量的练习才可以达到"快""清""亮"。因此，长期进行设计要素积累、空间结构组织、方案设计方法、绘图表现技巧四个方面的设计与练习，对于城市规划师的快速设计能力与空间组织能力的提升有较大帮助，也对规划师的职业发展影响深远。

第 2 章 设计要素

城市规划快速设计中的设计要素指城市规划详细方案中基本的空间组合要素。熟悉并掌握各种设计要素的画法与用法是攻克快速设计难点之一——"快速"的基础，同时根据不同的设计任务的要求，合理选择或适当改变不同的设计要素，创造巧妙的空间组织形式对快速设计至关重要。因而，我们需要在平时的学习和工作中对各种设计要素进行深入了解与积累。本章将快速设计中的设计要素分为单体、组团与开敞空间。从单体顶视图基础构型、单体组合形式与绿化景观环境形式三个方面来分别阐述，但由于设计要素的多样性与复杂性，本书只罗列一些常见的例子，供大家举一反三。

2.1 单体

这里的单体主要指建筑单体，同时也将快速设计中常见的一些固定功能场地，如球场、停车场等纳入单体，一并进行阐述说明。主要根据建筑的性质与功能，将单体分为居住区建筑、商业建筑、办公建筑、教育建筑、文体建筑、交通建筑与工业建筑七类。

2.1.1 居住区建筑

本节中的居住区建筑是指居住区设计过程中常见的建筑单体形式，其中包括住宅、小区会所、配套商业以及幼儿园、托儿所建筑。

2.1.1.1 住宅

住宅是居住区中的主要建筑，在快速设计中是较为常见的建筑类型。应根据项目或任务书要求及不同的容积率要求，合理选择适当的住宅形式。根据建筑高度，住宅建筑一般可分为低层住宅、多层住宅、高层住宅。

1. 低层住宅

低层住宅的层数为 1~3 层，主要分为独院式住宅和拼联式住宅两种。其中，独院式住宅是指独户居住的单幢住宅，一般有独用的庭院，平面组合以长方形为基础。而拼联式住宅一般由若干独户居住的单元拼联组成，各个单元前后有专用院落，与独院式相比，其面积较小，组合方式变化较多，有拼联成排的，也有拼联成团的（图 2-1-1）。

在进行低层住宅快速设计时，应注意几组低层住宅组团组群空间组合形式的错落与变化，避免单一组合形式的过度重复；应结合地形及景观布置形成有节奏感、富于变化的低层住宅组团（图 2-1-2、图 2-1-3）。

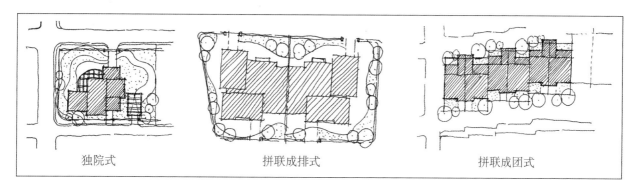

独院式   拼联成排式   拼联成团式

图 2-1-1 低层住宅类型

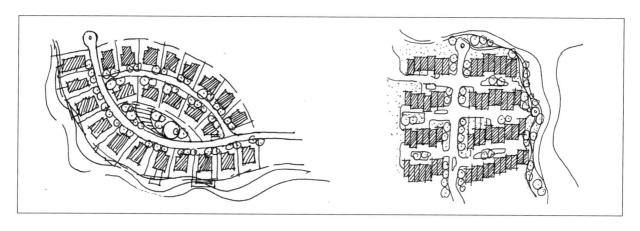

图 2-1-2 独院式组团   图 2-1-3 联排式组团

2. 多层住宅

多层住宅一般指 4~6 层的住宅，以楼梯解决垂直交通。以单元住宅楼为主，按照各层户数分为一梯一户或两户、一梯三户、一梯多户三种形式（图 2-1-4）。同时按照多层住宅单元组合形式不同可分为独立单元型、多单元条形、多单元异型（图 2-1-5）。

多层住宅组合形式和单体形态也会因容积率要求、地形、街区尺度等限制因素而有所变化，但其在空间尺度及设计方法方面具有以下共识性设计要点：1）多层住宅的进深一般为 10~15 m（经验值）；2）一般单元数量不宜过多，多为 2~4 单元型，其面宽一般不超过 60 m（经验值）；3）多单元条形及多单元异型多层住宅往往应用于围合型街区、对街道界面连续性有特殊要求以及地形或街区形态特殊的方案之中；4）多单元建筑沿街长度不宜超过 150 m 或总长不宜超过 220 m，否则需要设置 4 m×4 m 的消防通道；5）多层住宅南北间距应符合当地日照要求（正南北朝向一般为层高与日照系数的乘积）；6）多层住宅东西向间距不宜小于 6 m，而与高层相邻时不宜小于 9 m。

3. 高层住宅

高层住宅为 7 层以上的住宅建筑，其中包括 7~9 层的中高层住宅（小高层住宅）以及 10 层以上的高

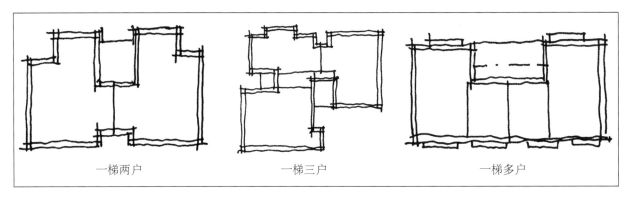

图 2-1-4 多层住宅平面形式

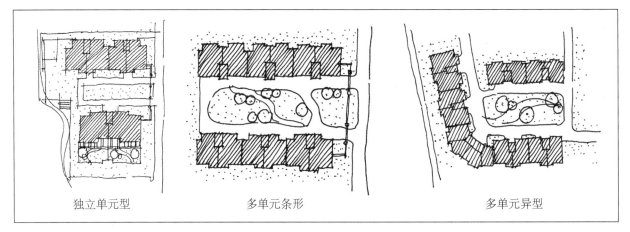

图 2-1-5 多层住宅组合形式

层住宅，一般住宅最高不超过 33 层。高层住宅的建筑形式可以分为点式和板式两种。点式住宅平面一般仅由一个单元组成，通常用于 10 层以上的高层住宅，点式高层形体自由活泼，可分为矩形、"工"字形、Y 形、"井"字形等（图 2-1-6）。板式高层与多层住宅平面类似，但平面尺度较大。板式高层常见于 7~9 层的中高层住宅。从建筑空间组合形式来看，主要分为双单元板式和多单元板式（图 2-1-7）。

高层住宅规划设计应重视其建筑组合形式的多样性与节奏感，并应结合景观设计，强调高层住宅的组

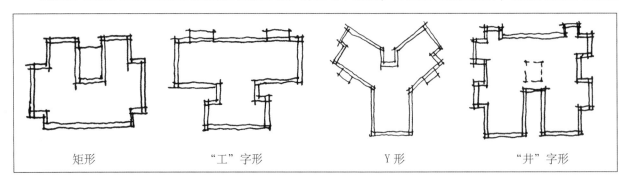

图 2-1-6 点式高层平面形式

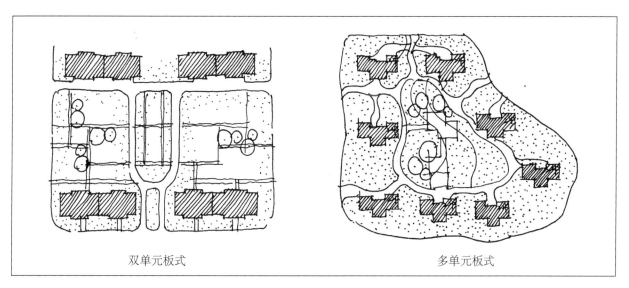

双单元板式　　　　　　　　　　　　　　　多单元板式

图 2-1-7 板式高层组合形式

群感，避免高层建筑尤其是点式高层的排布过于匀质而造成空间的单调。在建筑尺度及相关规范方面应注意以下问题：1）高层建筑进深往往大于或等于多层住宅进深，一般为 14~16 m（经验值），异型点式高层往往建筑进深、面宽总体加大；2）在手绘阶段，高层住宅日照间距往往采用粗略算法，即面宽 ×1.2 的方法进行初步核算；3）板式高层建筑单元数量不宜过多，面宽不宜过大，沿街长度不宜超过 150 m 或总长不宜超过 220 m，否则需要设置 4 m×4 m 的消防通道；4）高层住宅之间不宜小于 13 m，应符合卫生间距要求；5）高层建筑组团应设置地下停车场。

2.1.1.2 小区会所

会所是住区内部居民的休闲娱乐文化活动中心。会所建筑体量小、形态丰富，应结合绿地集中布置。按建筑平面形态分为矩形、团块型和围合型三种（图 2-1-8）。

小区会所的设计往往较为灵活，空间尺度也随着功能不同而差异较大，因此对于小区会所建筑的设计

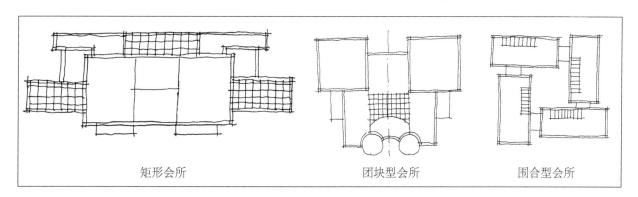

矩形会所　　　　　　　　　　团块型会所　　　　　　　　　　围合型会所

图 2-1-8 会所平面形式

应充分结合周边景观形态以及水系、地形等特征进行空间形态的灵活组织，并与周边景观廊道相联系，形成景观核心。

2.1.1.3 配套商业建筑

配套商业建筑是指居住区内部或与居住区建筑相结合的商业建筑，根据其与住宅建筑的组合关系，可分为独立单体商业建筑和沿街底层商业建筑。其中独立商业建筑往往设置于居住区入口、街区一角；而沿街底层配套商业建筑，根据其与住宅的连接关系可分为与住宅分离型、与住宅相邻型、与住宅重合型（图2-1-9、图2-1-10）。

配套商业建筑的体量较为灵活，尤其是独立单体商业建筑，符合商业建筑本身的设计要求即可，具体体量、形态应充分结合功能设定，并根据周边街区现状条件进行空间组织。对于沿街底层配套商业建筑，在进行快速设计时，应注意以下几点：1）沿街底层配套商业进深一般为10~20 m（经验值），随街道等级、功能和业态性质不同差异较大；2）与住宅重合型沿街底层配套商业建筑设计时应注意，其住宅建筑部分至少应沿一个长边或周边长度的1/4底边连续布置消防车登高操作场地，即不与底商建筑重合；3）沿街底层配套商业建筑不宜过长，一般不宜超过150 m。

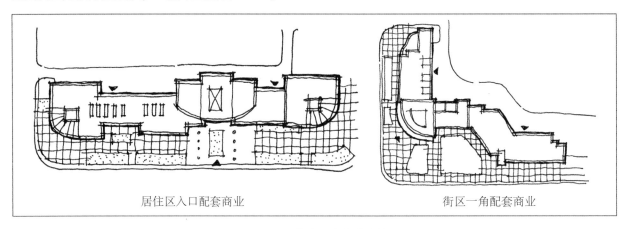

| 居住区入口配套商业 | 街区一角配套商业 |

图2-1-9 独立配套商业建筑

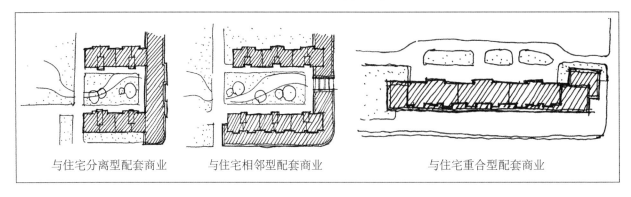

| 与住宅分离型配套商业 | 与住宅相邻型配套商业 | 与住宅重合型配套商业 |

图2-1-10 沿街底层配套商业建筑

2.1.1.4 幼儿园或托儿所建筑

幼儿园或托儿所是居住小区的重要公共服务配套设施之一,一般规模较小且空间组织形式多样,常见的空间形式分为矩形、L 形和异型(图 2-1-11)。

幼儿园与托儿所的设计往往应属于居住区配套的基本内容,应按照居住区规模计算其幼儿园班数和规模,具体设计要求应查阅《托儿所、幼儿园建筑设计规范》(JGJ 39—2016),本节仅根据快速设计中的一般要求,对该类建筑单体快速设计的要点进行总结:1)应独立占地,用地面积不小于 1200 ㎡,服务半径宜为 300 ~ 500 m;2)幼儿园建筑往往设置于交通便捷的城市支路一侧或与小区路相连接,出入口处应设置在人员安全集散和车辆停靠的空间;3)幼儿园须设置独立的室外活动场地,面积不宜小于 60 ㎡,且为满足日照要求多将其设置于南侧或避免日照遮挡的区域(应有 1/2 以上的面积在标准建筑日照阴影线之外)。

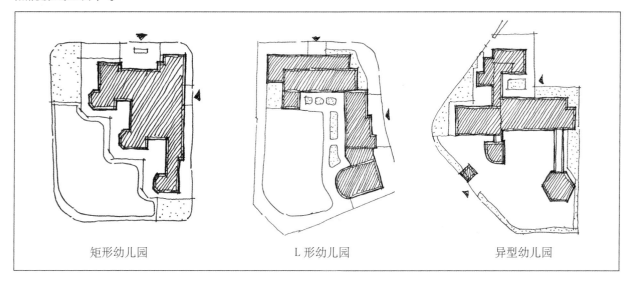

| 矩形幼儿园 | L 形幼儿园 | 异型幼儿园 |

图 2-1-11 常见幼儿园空间形式

2.1.2 商业建筑

2.1.2.1 商业综合体

商业综合体,是将城市中商业、办公、居住、旅店、展览、餐饮、会议、文娱等城市生活空间的三项以上功能进行组合,且各部分间相互依存,从而形成的一个多功能、高效率、复杂而统一的综合体。商业综合体建筑体量一般较大,平面形式活泼,常用于城市中心区、城市商业区等。我们将商业综合体分为单体型和复合街区型。

其中单体型商业综合体又分为长方形、方形、L 形以及异型。长方形的往往运用于通长街区的一侧,沿街界面齐整,在长方形的主体形态上进行变化;方形的往往运用于道路交叉口处较方正的用地;L 形的则往往运用于街角地块,整体空间呈 L 形;而异型的是指建筑形态较为特别,由多种简单形态组合而成或以流

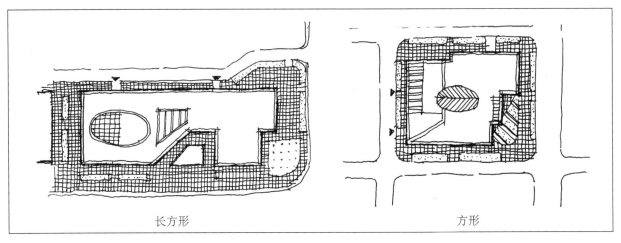

长方形　　　　　　　　　　　　　　　方形

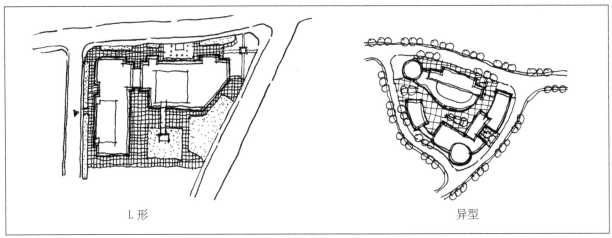

L 形　　　　　　　　　　　　　　　异型

图 2-1-12 单体型商业综合体平面形式

线型等非常规体型、体量出现，异型商业综合体一般运用于较为重要的标志性空间，往往形成方案的中心视觉焦点（图 2-1-12）。

　　其中复合街区型商业综合体是单体型大型商业与传统零散化的商业区不断融合、重构而形成的，它结合了两者的优势，街区形态设计整体性较强，往往可以看作一个大型单体的切割分散。我们按照其形态的零散程度将其分为内街型、主体型和街区型。内街型往往是以街区作为一个大型商业单体进行内部街道的划分与联系；主体型以单体型商业综合体为核心组合小型零散街区，形成体量、形态富于对比的商业街区；街区型并非以单一建筑作为绝对核心型商业，而以体量差异不大的多个建筑组合形成空间整体性强、风格统一、内部开敞空间连续有趣的商业街区（图 2-1-13）。

　　商业综合体往往属于方案中的核心功能，因此对于商业综合体建筑的空间设计应注重其形体与周边环境的协调以及空间形态的标志性。同时在设计中应注意以下几点：1）商业综合体建筑通常在主入口和沿主要街道设置较大的商业前广场，这个广场兼作疏散空间；2）商业综合体由于规模较大，多占据整个街区，

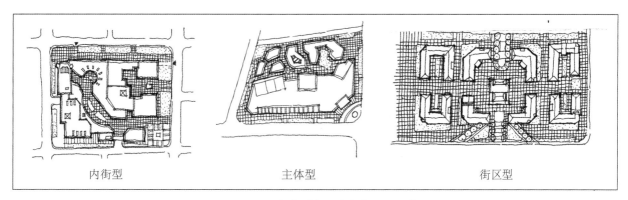

图 2-1-13 复合型商业综合体平面形式

因此除城市主干道外应设置次干道、支路围合其他界面；3）设置地下停车场，其出入口应设置于次干道及支路，避免设置于主干道及主要人行出入口一侧；4）商业综合体面宽过长或与高层住宅、高层办公塔楼复合设置时，应注意建筑消防空间要求即符合《建筑设计防火规范》［GB 50016-2014（2018 年版）］中对沿街建筑长度、消防人员扑救火灾和内部区域人员疏散的要求。

2.1.2.2 商业街

商业街是由众多商店、餐饮店、服务店共同组成，按一定结构比例规律排列的带状商业街道空间，是一种多功能、多业种、多业态的商业集合体。根据形态可分为"一"字形商业街、T 形商业街和"十"字形商业街。"一"字形商业街，在一条街道两侧布置商业、旅游、休闲娱乐等功能；T 形商业街，商业中间道路空间为 T 形，多有明显的转折处的开敞空间的设置；"十"字形商业街适用于面积较大、现有商业氛围较好的地块，易于突出重点建筑（图 2-1-14）。

商业街建筑空间按照"街道"的类型不同所展示出的城市空间氛围也有所不同。因此，在设计中应注意以下几点：1）步行的商业街：应协调好街道的宽度与两侧建筑的高度之间的关系，如小型的步行商业内街应避免街道面宽过大而造成的空间紧凑度不足；2）机动车可通行的商业街：应注意在街道两侧预留一定的步行空间，同时应考虑商业建筑机动车出入口的设置，避免人车干扰。

2.1.2.3 独立商业（中小型）

独立商业建筑单体一般层数较低，功能较为单一，主要功能为零售、餐饮等。多用于公园、小广场或沿河景观步行带等与开敞空间相结合的地区。独立商业建筑空间形态较为灵活，与景观设计相融合，注重虚实空间之间的联系与对话。因此，独立商业的空间形态类型灵活，本书不赘述，仅以两图来举例展示（图 2-1-15）。同时，在快速设计中，对于独立商业建筑应注意其体量的把控，当它作为标志性建筑时，可适当增大体量，且与周边景观相融合；当它作为一般点缀性建筑时，应避免过大体量对开敞空间景观连续性与突出性的干扰。体量适当、形态适宜，与周边空间景观相融合是独立商业的设计要点。

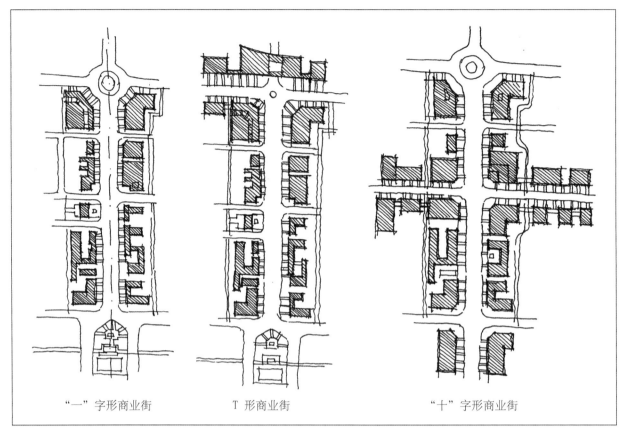

| "一"字形商业街 | T 形商业街 | "十"字形商业街 |

图 2-1-14 商业街平面形式示意

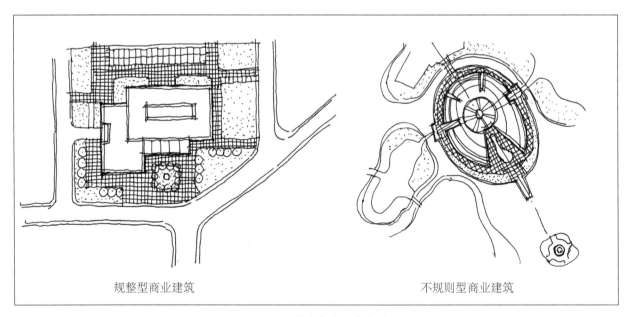

| 规整型商业建筑 | 不规则型商业建筑 |

图 2-1-15 独立商业（中小型）

2.1.2.4 酒店建筑

酒店一般来说就是给宾客提供住宿和饮食的场所，主要为宾客提供住宿、餐饮、娱乐、购物、商务、会议等设施。酒店建筑形态较为灵活，根据组合形式可分为单体型建筑酒店与组合建筑群酒店，两者均较为常见。其中，单体型建筑酒店按照空间形态可分为矩形、核心型、延展型。矩形一般运用于城市普通快捷酒店、公寓酒店或体量较为规整的街区空间；核心型往往运用于城市中高层商务酒店，以核心筒为中心，酒店客房围绕核心筒四周布置；延展型则以公共服务核心向外围延展呈不同数量的带状空间，沿每个带状走廊两侧布置客房，延展型酒店建筑往往用于空间组织较灵活的海滨度假酒店等（图 2-1-16）。组合建筑群酒店通常有两种形式：院落型和散点型。院落型建筑群酒店往往用于旅游度假区中酒店层数较低的，由多种类型客房组成的大型酒店区，各个客房以连廊和景观相联系，组成一个或多个院落空间。而散点型建筑群酒店，则以大型酒店单体或独立接待区建筑为入口，形成独院式、联排或庭院建筑群落，以点式建筑分散于酒店区之中（图 2-1-17）。

在总平面设计中，一般大型酒店应在入口处设置落客区、停车区，预留一定机动车停靠空间。对于组合型建筑群酒店或场地较大的单体型建筑酒店，应注重酒店区域内建筑与景观的设计协调性，强调景观尺度适宜，并充分考虑地形或其他功能要素。

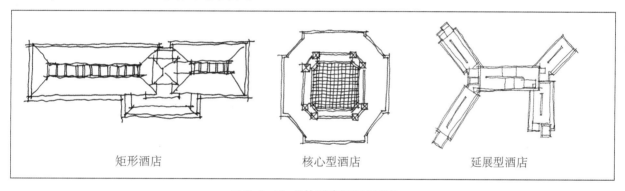

矩形酒店　　　　　　　核心型酒店　　　　　　　延展型酒店

图 2-1-16 单体型建筑酒店平面

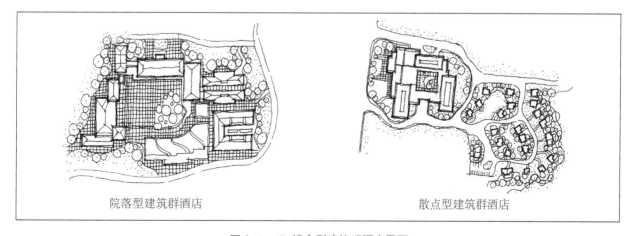

院落型建筑群酒店　　　　　　　散点型建筑群酒店

图 2-1-17 组合型建筑群酒店平面

2.1.3 办公建筑

办公建筑是指供机关、团体和企事业单位办理行政事务和从事各类业务活动的建筑物。按使用对象大致可以分为行政办公楼、专业型办公楼、出租写字楼及综合性办公楼。本书为说明空间设计差异性，将其分为行政办公建筑与其他办公建筑两类。

2.1.3.1 行政办公建筑

行政办公建筑指机关、事业单位等用于行政办公需要的业务用房。因其特殊的性质常设计为对称布局的建筑，其空间形态较为规整。按照空间形态特征分为单体型与组群型。单体型一般运用于规模较小的行政办公建筑，而组群型则以主楼和多侧配楼的形式组成行政办公组群，一般用于规模较大、功能较复合的行政办公中心（图 2-1-18、图 2-1-19）。

小型行政办公建筑设计方法往往与其他商业等通用性建筑差异不大，而大型行政办公建筑多由主楼和多个配楼组成。对于行政办公建筑的设计，应注意一般行政办公建筑入口处应设置一定面积的前广场或开敞空间，并在入口处和建筑周边设置一定数量的停车空间。

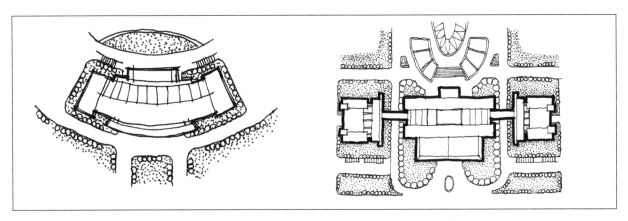

图 2-1-18 单体型行政办公建筑　　　　　　　　图 2-1-19 组群型行政办公建筑

2.1.3.2 其他办公建筑

其他办公建筑俗称为办公楼或写字楼，是由办公用房、公共用房、服务用房和其他附属设施组成的建筑，也是较常见的设计要素类型。按照空间设计的差异性又将其分为多层办公建筑和高层办公建筑。多层办公建筑一般以条状、矩形或 L 形为主要平面形式，较为规整，在核心设计区域或节点建筑部分，也会结合功能对部分空间进行凹凸、切角或突出异型等其他设计。而高层塔楼办公建筑（≥ 24 m）往往围绕交通核环绕布局办公用房（图 2-1-20）。

在快速设计中，多层办公建筑与高层办公建筑往往设计要点不同：1）多层办公建筑，应注意其进深一般应大于 20 m，面宽不宜过长，较长建筑须加设防火通道。同时多个多层建筑组合时，应注意其间距不应小于最小卫生安全距离 13 m，并应适当加大间距以提升办公空间的舒适度和空间品质；多层办公建筑应适

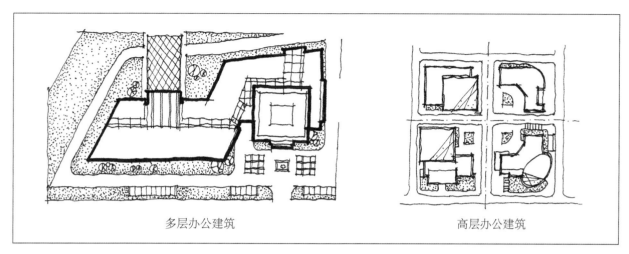

多层办公建筑　　　　　　　　　　　高层办公建筑

图 2-1-20 其他办公建筑类型

当考虑地面停车及辅助车行支路的设置。2）高层办公建筑应根据高度选择不同平面（标准层）面积，一般高度越高，面积越大，通常标准层为 900 ~ 2000 ㎡（经验值）。由于快速设计的深度与时间限制，我们常常将 30 m×30 m 作为 "点高" 的最小平面（经验值）。高层办公建筑的地下停车出入口不宜与道路交叉口设置过近，同时应考虑增设辅助道路以利于人车疏散。

2.1.4 教育建筑

教育建筑主要是指长期为教育活动提供服务的建筑。本节中的教育建筑主要指校园规划中的主要建筑，常见的可以分为教学类建筑、办公类建筑、生活类建筑及文体类建筑及设施等。

2.1.4.1 教学类建筑

教学类建筑包含普通教学楼与实验楼。除大型设备实验室外两者平面形式较一致。按平面形态可以将其分为 "一" 字形、L 形、凹形、天井形、E 形与 S 形六类。"一" 字形教学楼，一般用于规模较小的教学类建筑；其余形式教学楼都为使用连廊将教室连接起来形成围合或半围合建筑（图 2-1-21）。按照教学类建筑街区的组合形式又可分为围合型、对称型与复合型（图 2-1-22）。

教学楼根据教室与走廊的尺寸有严格的规范，其中外廊式为 "教室 + 走廊" 的形式，进深一般为 12 m（经验值）；内廊式为 "教室 + 走廊 + 教室" 的形式，进深一般为 21 m（经验值）。两排教室的长边相对时，其间距不应小于 25 m。教室的长边与运动场地的间距不应小于 25 m。

2.1.4.2 办公类建筑

办公类建筑指校园中以办公室为主要功能单元的建筑，主要包括普通办公楼与综合办公楼（行政楼）、会议楼。其主要建筑形式与办公建筑、小型会展建筑相近，具体类型及设计要求参见相应章节。

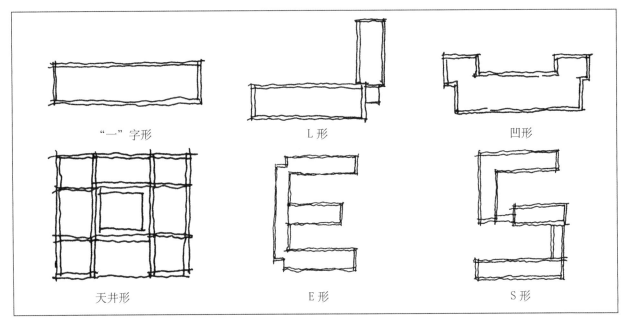

"一"字形   L形   凹形

天井形   E形   S形

图 2-1-21 教学楼建筑平面形态

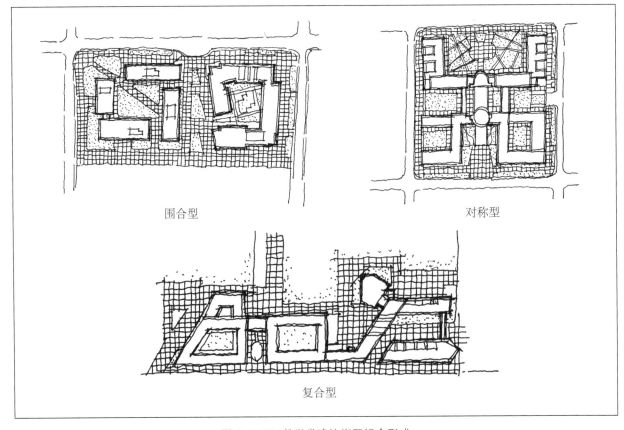

围合型   对称型

复合型

图 2-1-22 教学类建筑街区组合形式

2.1.4.3 生活类建筑

生活类建筑包括宿舍与食堂两大类。

1. 宿舍

宿舍按平面形态可分为"一"字形、L形、E形及异型四类。与普通教学楼类似，按照其平面布局方式不同，建筑进深有所差异。其中，外廊式宿舍为"宿舍+走廊"的形式，进深一般为9m（经验值），内廊式宿舍为"宿舍+走廊+宿舍"的形式，进深一般为15m（经验值）（图2-1-23）。

2. 食堂

食堂是为学生及教职工提供餐饮的大空间建筑，其平面形式通常以近似方形的大进深建筑形式为主（图2-1-24）。

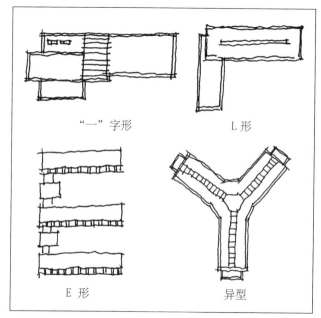

"一"字形　　L形

E形　　异型

图2-1-23 单体式宿舍平面类型

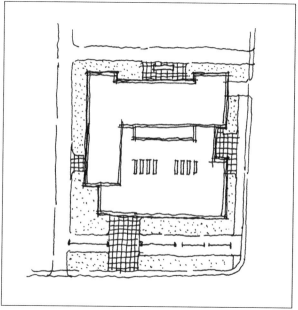

图2-1-24 食堂

2.1.4.4 文体类建筑及设施

校园规划中常见的文体类建筑及设施包含图书馆、活动中心、体育馆和体育场（图2-1-25）。

1. 图书馆

图书馆是提供搜集、整理、收藏、借阅图书资料的场所，建筑屋顶形式较为多样。具体设计要点参照文体建筑部分。

2. 活动中心

这里的活动中心不仅指为学生提供各类课外活动所需场地的大学生活动中心，还包括各种艺术场馆、标志性事件纪念场地等，如美术馆、校史纪念馆等。该类建筑屋顶平面形式灵活多样。

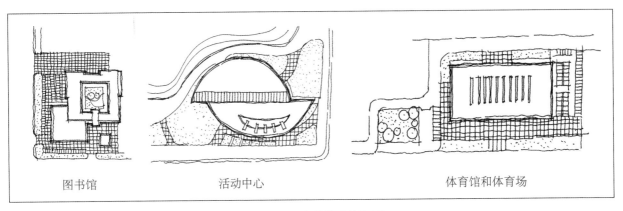

图 2-1-25 文体类建筑平面

3. 体育馆和体育场

学校里的体育馆主要指风雨操场，是在室内进行体育比赛和体育锻炼的建筑，是功能相对简单的体育馆，一般无看台，平面形式一般为简单的矩形。大学校园中有时也有大型体育馆兼城市体育馆的案例，具体建筑形式及设计要点参见文体建筑部分。

此外，主要列举快速设计中常见的体育场设施。注意应牢记尺寸要求。篮球场：长 26 m，宽 14 m。排球场：长 18 m，宽 9 m。网球场：长 23.77 m，宽 10.97 m。羽毛球场：长 13.4 m，宽 6.1 m。国际标准短泳池：长 25 m，宽 12.5 m。国际标准泳池：长 50 m，宽 25 m。标准足球场：长 105 m，宽 68 m。400 米操场：长 176 m，宽 98 m。200 米操场：长 93.1 m，宽 50.6 m（图 2-1-26）。

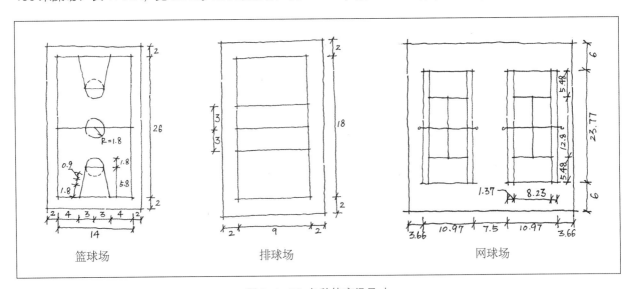

图 2-1-26 各种体育场尺寸

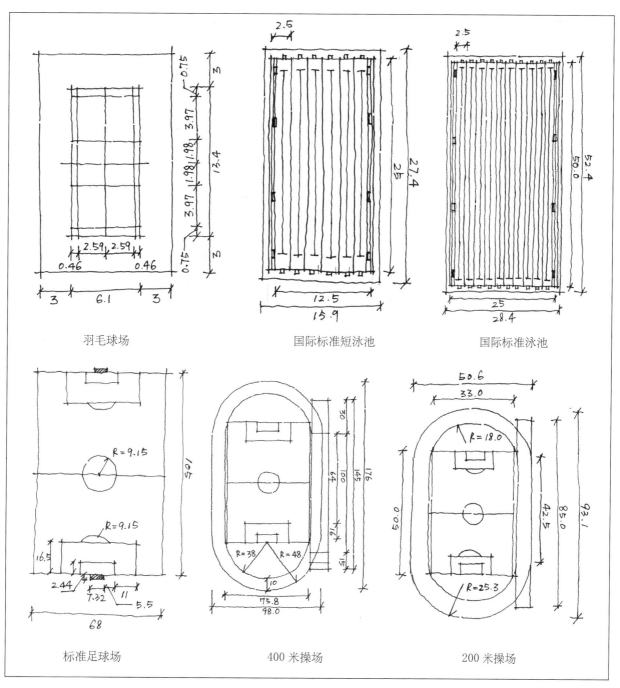

羽毛球场　　　　　　国际标准短泳池　　　　　　国际标准泳池

标准足球场　　　　　　400 米操场　　　　　　200 米操场

图 2-1-26 各种体育场尺寸（续图）

2.1.5 文体建筑

文体建筑是指文化、体育、会议等城市综合文化、体育功能的建筑。其中包括文化馆 / 图书馆 / 博物馆建筑、会议展览馆建筑、影剧院建筑及体育场馆建筑四大类。

2.1.5.1 文化馆／图书馆／博物馆

文化馆是开展社会宣传教育、普及科学文化知识、组织辅导群众文化艺术（活动）的综合性文化事业机构和场所。与图书馆在建筑屋顶形式上类似，故统一说明。根据平面组织形式可以分为集中式与分散式。集中式指由块状或团状的单体建筑构成，所有功能在一个空间内部细分的建筑形式，常用于用地较为紧凑的场地。分散式指由多个建筑单体围合或组合而成，不同功能之间使用连廊或通道连接起来的建筑形式，可用于规模较大、用地分散或地形起伏较大的场地。博物馆是征集、典藏、陈列和研究可移动及不可移动文物的场所。其建筑平面较为多样，根据平面形式仍可以分为集中式博物馆与分散式博物馆。三者都应注重总平面的设计中人流和车流的组织形式，避免相互干扰（图2-1-27）。

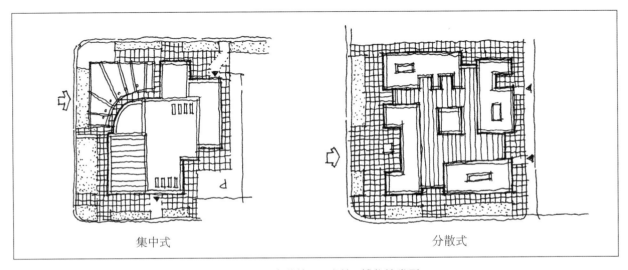

集中式　　　　　　　　　　　　　　　　分散式

图2-1-27 文化馆／图书馆／博物馆类型

2.1.5.2 会议展览馆

会议展览馆是为会议、展览等集体性活动提供专业场地的大型公共建筑。一般为大跨度建筑，平面尺度较大，形式较为规整，展览区域一般位于底层，便于展品运输及人流集散，其层数一般不应超过两层，同样可分为集中式会议展览馆与分散式会议展览馆。车流、人流集散的空间组织与场馆前预留充足疏散空间是此类建筑的设计要点（图2-1-28、图2-1-29）。

2.1.5.3 体育馆／体育场

体育场馆建筑按照室内外的区别分为全室内体育馆、全户外体育场、半室内体育场馆三类。其中全室内体育馆是室内进行体育比赛、体育锻炼或是举办演唱会的建筑。全户外体育场指有400米跑道（中心含足球场），有固定道牙，跑道6条以上，并有固定看台的室外田径场地。城市中常见另一种半室内体育场馆。在设计中应注意体育馆与体育场的总平面设计，并注意运动场地的朝向，且合理解决停车和人员疏散等问题（图2-1-30）。

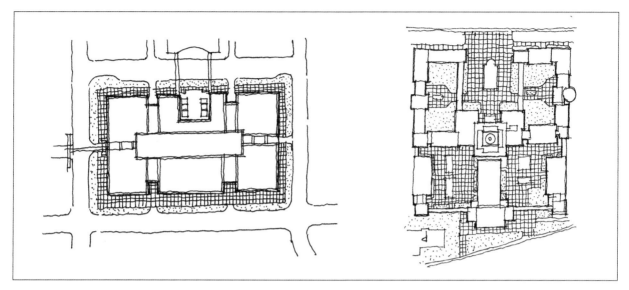

图 2-1-28 集中式会议展览馆　　　　　　　　图 2-1-29 分散式会议展览馆

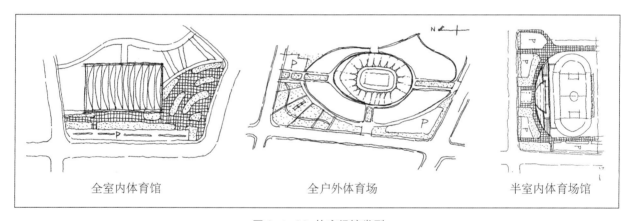

全室内体育馆　　　　　　　全户外体育场　　　　　　　半室内体育场馆

图 2-1-30 体育场馆类型

2.1.6 交通建筑

交通建筑是为交通运输服务的公共建筑，是公共交通运输结构中的交换点，包括公交站、长途汽车站、内河的客运码头、铁路客运站、货运站、海港、航空港等。本书仅列举快速设计中常见的公交站、长途汽车站、火车站和地铁站。其中各种建筑附属的停车场与其有一定的关联性，故在此作为一个设计要素一并阐述。

2.1.6.1 公交站

公交站一般为公共汽车停靠的站点。根据站台设置形式分为直线式公交站与港湾式公交站（图2-1-31）。直线式公交站是传统的站牌式的设置形式，它不改变道路原有的断面形式，仅在道路的一侧设置公交站牌（亭），站台形式简单，易于设置。港湾式公交站为在道路车行道外侧，采取局部拓宽路面的形式形成的公交站，基本形式是路面向人行道方向切入宽 3 m、长 90 m 的泊车港湾。

2.1.6.2 长途汽车站

长途汽车站主要指长途客运站，是所在城市的旅客集散点，也包括城市公共汽车在该处设置的集汇停车点和长途公交站。多由站前广场、站房、停车场、保修车间区及职工生活区等功能区组成（图2-1-32）。设计要点为总平面的设计及各种流线的组织。同时车辆出站口、进站口应分别设置于不同方向，并与城市道路相连接。

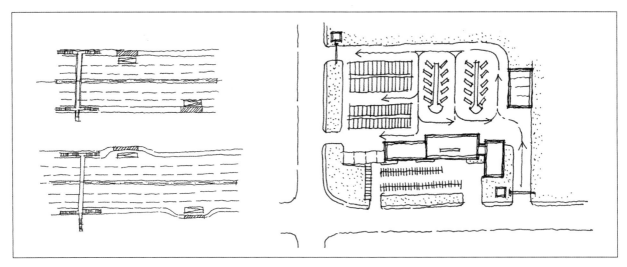

图 2-1-31 直线式公交站与港湾式公交站　　　　　　　图 2-1-32 长途汽车站平面图

2.1.6.3 火车站

火车站是为铁路旅客办理客运业务，设有旅客候车和安全乘降设施，并由站前广场、站房、站场客运建筑三者组成整体的车站。根据站房与铁路之间的关系分为站房与铁路分离的车站，较老的火车站一般属于这种形式，站房建筑形式较为规整，常为矩形，规模偏小，如北京站；另一种为站房覆于铁路之上的大型客运枢纽，例如高铁站即为这种形式，站房的建筑形式常为流畅的曲线形，规模较大，如天津西站。在快速设计中要特别注意站房建筑设计与站前广场的公交、出租、地铁、小汽车等复杂流线设计（图2-1-33）。

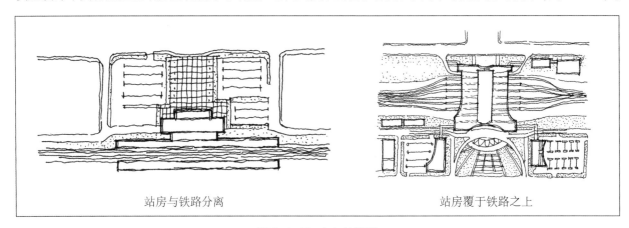

站房与铁路分离　　　　　　　　　　　　　　站房覆于铁路之上

图 2-1-33 火车站类型

2.1.6.4 地铁站

地铁是铁路运输的一种形式，指以地下运行为主的城市轨道交通系统，即"地下铁道"或"地下铁"。快速设计中地铁的表示往往在于地铁出入口与地面其余建筑或空间的结合。因此，地铁出入口应结合地面建筑及街道空间进行布置，尽量和地面建筑物及地下过街通道相结合。本书仅列举常见的开敞空地型独立地铁出入口类型（上盖物业型复合地铁出入口，内设于商业、办公建筑之内，平面图仅以文字及符号表现）（图 2-1-34）。

2.1.6.5 停车场

停车场是供车辆停放的场所。快速设计中常以商业配套停车、公建配套停车的形式出现。分为地上与地下两种。地下停车场，需要注意停车场出入口的位置与尺寸。地上停车场，则主要考察车辆数（以小汽车为标准）与出入口及停车场面积的估算、停车位与车辆通道的尺寸等。这里就需要牢记各种车辆停车位的尺寸。标准小汽车停车位尺寸为 2.5 m×5 m；大型客车停车位尺寸为 5m×12 m；摩托车每个停车位 2.5~2.7 ㎡；自行车每个停车位 1.5~1.8 ㎡。

停车场按照规模不同，以小汽车为标准可分为以下类别：少于 50 个停车位的停车场，可设一个出入口，其宽度宜采用双车道；50~300 个停车位的停车场，应设两个出入口；大于 300 个停车位的停车场，出口与入口应分开设置，两个出入口之间的距离应大于 20 m；1500 个车位以上的停车场，应分组设置，每组应设 500 个停车位，并应各设一对出入口。各种停车场中的停车位与车辆通道的关系与具体尺寸详见图 2-1-35。

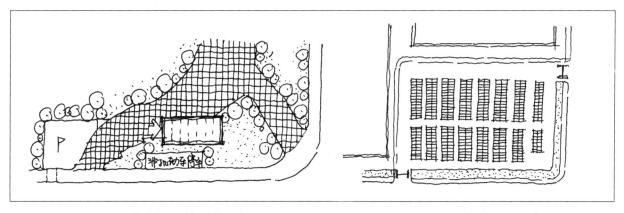

图 2-1-34 上盖物业型复合地铁出入口　　　　图 2-1-35 停车场平面示意

2.1.7 工业建筑

工业建筑指供人们从事各类生产活动的建筑物和构筑物。快速设计中常见于工业园区、产业区等，包含工业厂房、企业办公建筑、产品实验楼和孵化器及其他服务型附属用房。其中企业办公建筑与服务型附属用房可参照前文相类似性质的建筑，这里主要介绍工业厂房与产品研发楼或孵化器两种。

2.1.7.1 工业厂房

工业厂房指直接用于生产或为生产配套的各种房屋，包括主要车间、辅助用房及附属设施用房。常为单层与低层建筑，多为矩形、大跨度建筑，因而设计中需要注意矩形尺寸符合模数、间距要求，符合防火规范（图2-1-36）。

图2-1-36 工业厂房实例

2.1.7.2 产品研发楼或孵化器等

工业园区、产业园区中的产品研发楼、孵化器等一般都为模块化设计，不同规模企业有不同的建筑模块设计。大型企业的产品研发楼与孵化器时常为不规则建筑，具有较强的切割感与设计感；中小型企业可采用模块化建筑组合，开敞空间或重要节点一般位于场地中间位置；小型企业可采用低密度、独院式单元模块建筑，适用于创意设计工坊等（图2-1-37）。

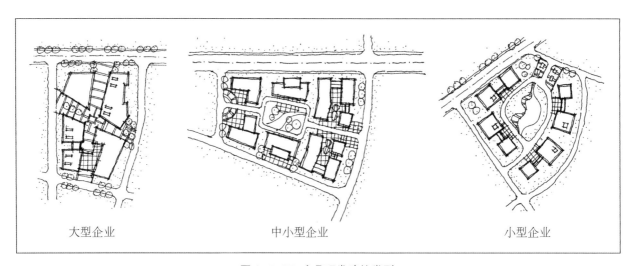

大型企业　　　　　　　　中小型企业　　　　　　　　小型企业

图2-1-37 产品研发建筑类型

2.2 组团

组团要素实际上是前述单体要素的组合形式，城市规划的空间方案设计往往不同于建筑设计，更注重建筑群体的组织与布局，因此组团的设计至关重要。根据单体组合方式的不同，组团可以分为行列式、周边式、点群式与放射式。根据不同地形及方案设计需求，可选择不同的组团类型用于快速设计表达。

2.2.1 行列式

行列式，又称"行列布置"，是建筑按一定朝向和合理间距成排布置的建筑组群平面形式。行列式基本的形式为平行行列式，其余布置手法主要有普通交错行列式、单元错接行列式、自由行列式等。行列式组团布置方法的优点是能更好保障建筑间的日照、通风；经济、设计施工简易；构图简单，肌理感强。但相对单调，缺乏变化，建议通过错接的形式体现空间的灵活性。多层居住区、办公区常采用行列式进行组团设计。

2.2.1.1 平行行列式

平行行列式是行列式中最基础的形式，指建筑按一定朝向和合理间距成排平行布置的建筑组群平面形式。主要用于规整地形（图 2-2-1）。

2.2.1.2 普通交错行列式

普通交错行列式指在平行行列式基础上进行建筑错位布置，使得建筑排布更富于变化，易于营造开敞空间，适用于规整或者稍有变化的地形（图 2-2-2）。

2.2.1.3 单元错接行列式

单元错接行列式指在平行行列式的基础上进行建筑前后错位的连接方式，易于产生围合感，从而形成组团级开敞空间，适用于复杂地形（图 2-2-3）。

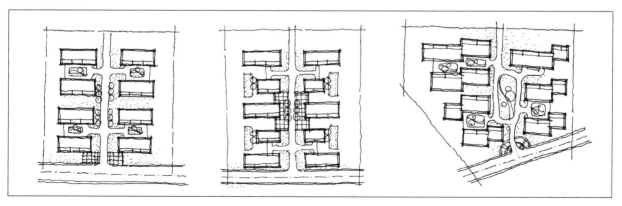

图 2-2-1 平行行列式　　　图 2-2-2 普通交错行列式　　　图 2-2-3 单元错接行列式

2.2.1.4 自由行列式

自由行列式有较多的变化方式，可以是整体改变建筑朝向，几组建筑间形成的分隔部分设计开敞空间或者绿地等；可以是部分改变建筑朝向，易于形成组团中间的公共空间；也可以是通过建筑朝向等的改变，强调轴线的轴线式。一般应根据地形变化采用不同的布置方式（图 2-2-4 ~ 图 2-2-6）。

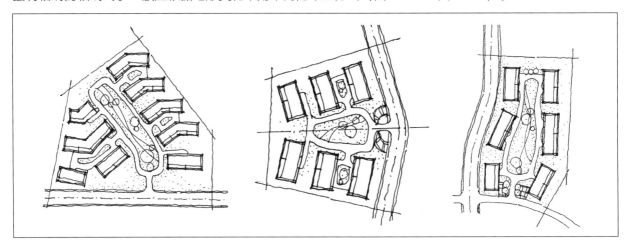

图 2-2-4 整体改变建筑朝向　　　图 2-2-5 部分改变建筑朝向　　　图 2-2-6 轴线式

2.2.2 周边式

周边式，又称"周边布置"，是建筑沿街坊或院落周边布置而形成封闭或半封闭内院空间的建筑组群平面布局形式。周边式基本的形式为基础周边式，其余布置手法有单周边式与双周边式。周边式建筑围合形成封闭或者半封闭的内院空间，内部安静、安全、方便，有利于布置室外活动场地，并促进居民交往，节约用地，布置形式灵活。但部分建筑朝向较差，影响通风效果，难以适应地形的变化。采用周边式组团的往往是居住、办公、文化等类型的建筑组群。

2.2.2.1 基础周边式

基础周边式指建筑围绕中间开敞空间形成围合院落的建筑排布方式，适用于需要形成规整封闭或半封闭空间的情况（图 2-2-7）。

2.2.2.2 单周边式

单周边式指由单圈建筑形成围合之势的周边布置形式，适用于私密或半私密空间的营造。根据组团内流线组织的不同又可以细分为曲折流线型、直线流线型与多流线型（图 2-2-8 ~ 图 2-2-10）。

2.2.2.3 双周边式

双周边式指由两圈或两圈以上小型建筑群形成围合之势的周边布置形式，适用于地形变化的情况（图 2-2-11）。

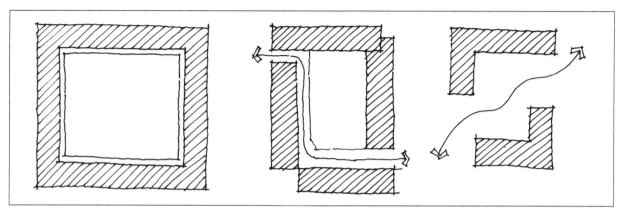

图 2-2-7 基础周边式　　　　　　　　　　图 2-2-8 曲折线流线型周边式

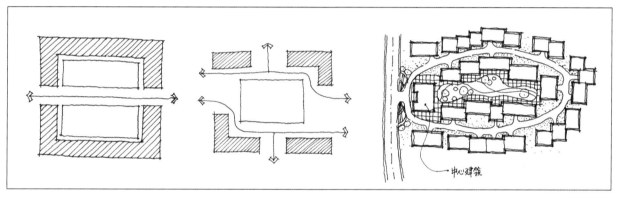

图 2-2-9 直线流线型周边式　　　图 2-2-10 多流线型周边式　　　图 2-2-11 双周边式

2.2.3 点群式

　　点群式是指建筑以个体（或点）形式有规律或者无规律（一般根据地形变化）分布的布局形式。点群式可分为规则点群和自由点群两种。点群式组合方式在空间上自由度较高，形成的空间多变化，日照、通风较好，比较适应地形变化；但整体来说不经济，寒冷地区由于外墙过多，布置分散，不利保温、节能、防风。高层居住建筑往往多采用点群式布局。

2.2.3.1 规则点群式

　　规则点群式指建筑以点的形式有规律地布置在场地之中的建筑排布形式，易于组织流线，可用于地形较规整的地块（图 2-2-12）。

2.2.3.2 自由点群式

　　自由点群式指建筑以点的形式无规律地布置在场地之中的建筑排布形式，一般根据地形变化排布，适用于较复杂、变化多的地形（图 2-2-13）。

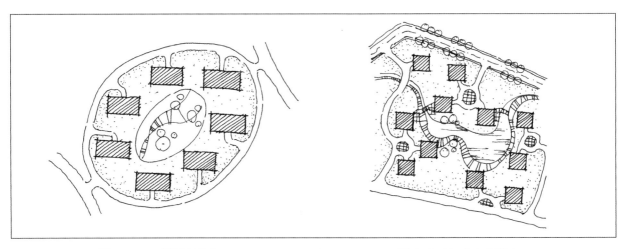

图 2-2-12 规则点群式   图 2-2-13 自由点群式

2.2.4 放射式

放射式是指建筑呈放射形排布的组团布置方式。放射式可分为扇形放射式与围合放射式。放射式的组团布置方式主要强调组团的向心性，容易产生一种凝聚感，适用于三角形或扇形的地块，但建筑朝向一般较差，故不适用于居住类建筑。

2.2.4.1 扇形放射式

扇形放射式是指建筑排布形式聚焦为一个"点"，但只朝某一个方向排布的形式，适用于强调中心建筑或中心节点的情况（图 2-2-14）。

2.2.4.2 围合放射式

围合放射式是指建筑排布形式聚焦为一个"点"，但建筑呈四周围合的形式，同样适用于突出中心点的情况（图 2-2-15）。

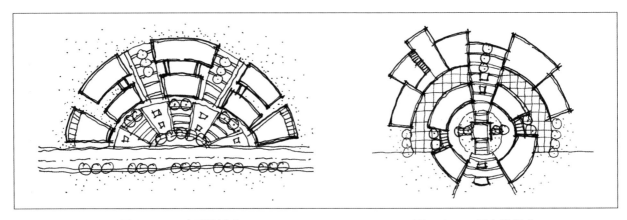

图 2-2-14 扇形放射式   图 2-2-15 围合放射式

2.3 开敞空间

如果说建筑要素组成了快速设计中的实体空间要素，那么开敞空间即为空间设计中的虚空间要素。开敞空间为填补建筑实体之间的空间的其他元素，也是快速设计要素的重要组成部分，其主要包括绿地、滨水景观、广场等。

2.3.1 绿地

绿地是开敞空间常见的元素之一，并可作为界限、界面的限定元素。通过树木和草坪的空间组织，可以营造优美的环境，形成良好的空间布局。绿地一般由树木和草坪构成。根据设计与表达方式不同，树木可以分为树阵、树列、丛植与群植，草坪可以分为平地、坡地与微地形。

2.3.1.1 树木

1. 树阵

树阵指间隔一定的间距，以行列的模式布置同样的树木，形成片状的矩阵形的植物群体。常用于轴线端点或者轴线节点（图 2-3-1）。

2. 树列

树列指将两列树木为一组列植在步行道路两侧，形成有导向性的绿化空间。常用于轴线两侧或建筑广场前（图 2-3-2）。

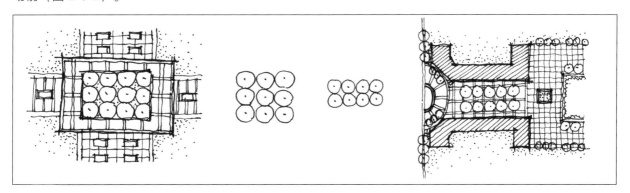

图 2-3-1 树阵示意图与设计实例　　　　图 2-3-2 树列示意图与设计实例

3. 丛植

丛植指几株同种或异种树木不等距离地种植在一起形成树丛效果。适用于需细致表达的绿地部分，一般结合绿地中的小路布置。树木成团、成组，结合道路走向布置（图 2-3-3）。

4. 群植

群植指较大面积的多株树木的栽植。一般用于非重点区域绿地中乔木的表达。在表达时可以用一系列半径不同的弧线（或反弧线）组合形成。在团块中部描绘空隙以及阴影（图 2-3-4）。

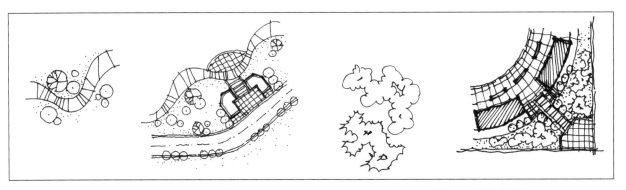

图 2-3-3 丛植示意图与设计实例　　　　　图 2-3-4 群植示意图与设计实例

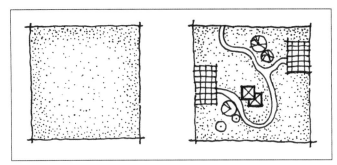

图 2-3-5 平地示意图与设计实例

图 2-3-6 坡地示意图与设计实例

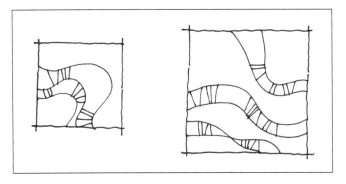

图 2-3-7 微地形示意图与设计实例

2.3.1.2 草坪

1. 平地

平地是指平坦的地面，常见的绿地形式，不需特殊处理，注意色彩的统一（图 2-3-5）。

2. 坡地

坡地是指有明显高差的地面，常见于特殊的地形条件。坡地可以用短线表示，也可以用线条描绘等高线。需注意坡地与树木的结合（图 2-3-6）。

3. 微地形

微地形是指有一定地形变化，并承载树木、花草、水体和园林建筑等物体的地面，常用于大片的集中绿地中。微地形常以曲线和线条的组合表示（图 2-3-7）。

2.3.2 滨水景观

滨水景观是指濒临水系的一些环境元素，包括水系、亲水平台、船港及码头、沙滩等。

2.3.2.1 水系

1. 规整式水系

规整式水系一般是指人工水景，包括水池、喷泉、叠水等。通常通过一个序列或几个序列

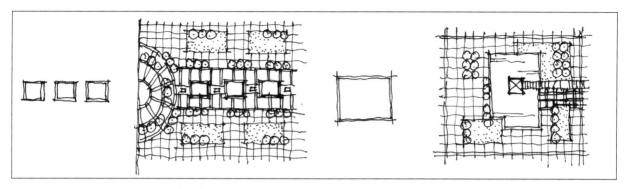

图 2-3-8 线形水系示意图与设计实例　　　　图 2-3-9 群状水系示意图与设计实例

来组织空间。规整式水系又可分为线形水系与群状水系。线形水系是由同等规格或宽窄相同的水池形成线形的组合（图 2-3-8）。群状水系是以多个规整水面组合而成的群状水体（图 2-3-9）。

2. 自由式水系

自由式水系是指形状自由，以平滑自由曲线或折线形成的不规则的水系。可分为曲线自由式与折线自由式，常结合地势或原有水面进行设计（图 2-3-10、图 2-3-11）。

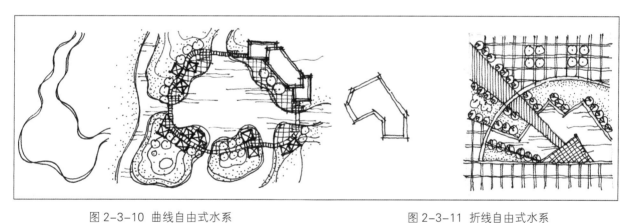

图 2-3-10 曲线自由式水系　　　　　　　图 2-3-11 折线自由式水系

3. 混合式水系

混合式水系为自由式水系和规整式水系的结合（图 2-3-12）。

2.3.2.2 亲水平台

亲水平台是指从陆地延伸到水面，使游人更方便接触所想到达水域的平台。可以是景观浮桥、水上步道、景观走廊等。常见的为部分伸出水面的和

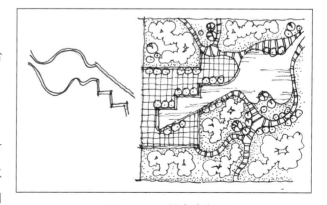

图 2-3-12 混合式水系

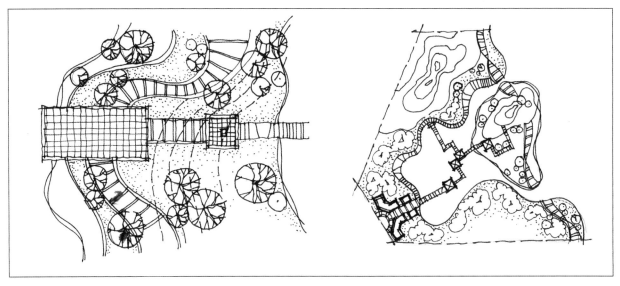

图 2-3-13 部分伸出水面的亲水平台　　　　　　图 2-3-14 全部伸出水面的亲水平台

全部伸出水面的亲水平台，如栈桥等（图 2-3-13、图 2-3-14）。

2.3.2.3 船港及码头

船港及码头指供快艇、船只等停泊的地方。根据功能的不同可以分为客运船港码头与货运船港码头（图 2-3-15、图 2-3-16）。

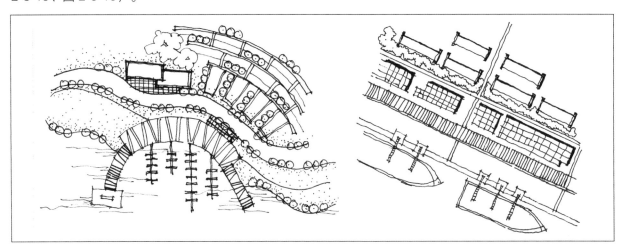

图 2-3-15 客运船港码头　　　　　　图 2-3-16 货运船港码头

2.3.2.4 沙滩

沙滩指临近海域的景观元素，一般用线条及墨点表示即可（图 2-3-17）。

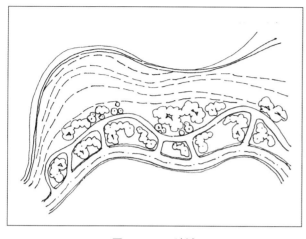

图 2-3-17 沙滩

2.3.3 广场

广场通常是指城市居民社会生活的中心，为人们提供集会、交通集散、游憩等的场所。快速设计中广场常用铺装及树木等表达。根据广场的规模与承载功能的不同，这里将广场分为小型广场与大型广场两种。

2.3.3.1 小型广场

这里的小型广场主要是指规模较小，位于重要建筑之前的广场，没有独立的场地。根据广场在场地中的位置可以分为入口位置广场与中间位置广场。

入口位置广场指位于场地入口位置，即场地一侧或街角位置的广场，主要用作场地入口。设计中应注意广场铺装的导向性，常采用较丰富的铺装表示其区域的重要性（图 2-3-18 ~ 图 2-3-19）。中间位置广场是指位于场地中间位置的广场，主要用作重要节点，采用丰富的铺装体现其重要性（图 2-3-20）。

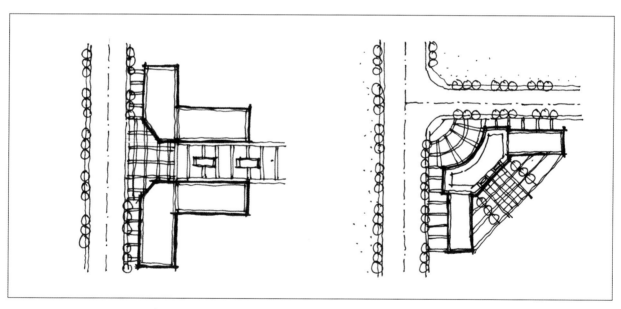

图 2-3-18 入口广场——场地一侧　　　　　　　　图 2-3-19 入口广场——街角位置

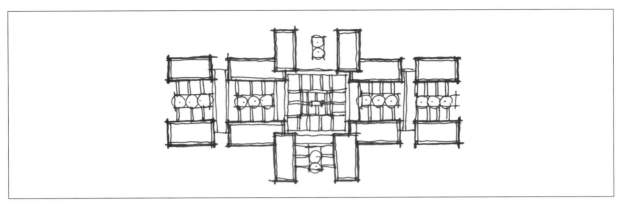

图 2-3-20 中间位置广场

2.3.3.2 大型广场

大型广场是指城市中规模较大、位于独立街区、有特定功能或者意义的广场，如纪念性广场、市民广场、政府广场等。设计中需要注意广场的分区与铺装样式的选择（图 2-3-21）。

以上从单体、组团和开敞空间三个方面对快速设计的设计要素进行了详细的说明，但因元素的多样性，本书只能罗列一部分仅供参考，实际设计中还应结合现状、更新改造等情况灵活运用与变化。

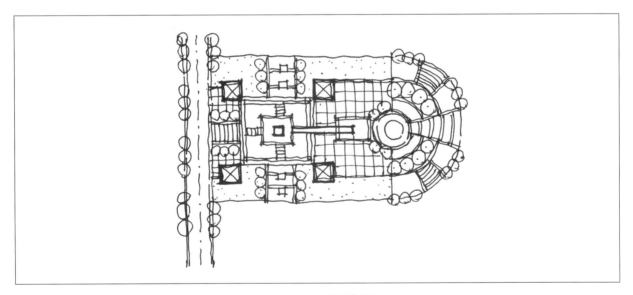

图 2-3-21 大型广场

第 3 章　核心结构规划设计

掌握了快速设计涉及的各类要素——不同功能建筑单体形式、建筑组团类型、开敞空间布局特征等，并熟悉相关的规范知识以及技术规程，下一步即通过核心结构将各要素从局部到整体组织起来，并和内外部环境融合，将场地的特质和功能特征呈现出来，这也是规划快速设计中最重要的一步。

对于核心结构设计重要的是认识场地并梳理出功能、交通和景观等之间的系统关系，再进一步对单体建筑、组团和开敞空间等具体元素进行细部处理，包含建筑与其他元素局部间的联系处理。在组织核心结构时，应注意空间尺度，做到有收有放，无论是等级、规模还是衔接系统均需要做到主次分明，形式多变，使得整个方案特色鲜明。

当然，本书中所说的核心结构，并不只是实体建筑围合而成的空间序列，而是建筑、道路、景观、高度等三维空间下整体的空间结构。因此，也不能简单视作"内环式"和"外环式"等路网结构，而是多系统在整体上呈现出的唯一的、清晰的主体结构。因此，一般包括以下几种类型。

轴线导向型：轴线型空间结构的轴线有虚实两种。实轴常为线性道路、绿化带、水体等构成的可达空间；虚轴往往为视线通廊或因尺度较大而感知不明显的空间。不论轴线的虚实，都具有强烈的集聚性和导向性，可以转折、转换，但是必须与地块肌理紧密相连。

核心主导型：核心主导型空间结构常见的两种类型——向心型、围合型，均是以一定数量的次要空间要素共同围绕一个主导要素构成的，主导要素一般以其较大的尺度或特异的形态突出主导地位，统率次要要素。

组团簇群型：根据地形或建筑尺度、形体、朝向等方面的较多相同因素，以合理间距为主要依据建立起来的紧密联系所构成的群体，不强调主次等级，成群成片地布置，形成组团簇空间结构。

混合型：混合型空间结构往往包含轴线导向型、核心主导型、组团簇群型空间结构中的几种，是一种复杂的空间结构，其组合形式往往受到现状、历史、规划条件等的制约而形成，但也有相对清晰的脉络。

上面已将常见的类型进行了详细汇总归类，方便接下来根据不同的条件来选取规划结构。此外，快速设计结构也要针对具体问题具体分析，活学活用，不能生搬硬套。

一般来说，规划任务书和现状是确立规划结构的前提和基础，确定结构前需要对任务书和现状等进行仔细解读，从整体环境出发研究规划地段，对地块进行定性、定量的分析之后，确定外部联系和内部关系，做到布局合理、构架完整、层次清晰、特征显著。

外部联系：

确定用地和周边环境的联系，根据所在区位、周边地段的功能性质（居住、商业、绿化、广场、水系等）、道路交通（主次干道）、景观视线等，明确规划地段和周边环境可以建立的联系（空间、视线、交通）和需要回避解决的问题。

内部关系：

分析规划地段场地特征和内容构成，确定主要功能单元和相互关系，建立整体的空间构架，结合现状资料和既有建筑明确核心空间，做出能够充分反映场地特征和功能性质的核心规划结构。

具体选择确定办法，将在本书第4章详述。本章重点展开上述核心结构的具体类型和要素间的过渡联系。

3.1 结构类型

核心结构是一个方案的空间逻辑，最具有代表性的也就是我们通常所说的"几心几轴几区"结构体系。这种"点—线—面"的方式可以简单有效地使方案更具有整体性和逻辑性，在快速设计中常常被采纳。但是，因为现状等限制条件，我们在建立核心结构时，无法严格呈现"点—线—面"的明显结构特征，这就需要我们了解和掌握常见核心结构的类型和特点，通过灵活使用不同空间结构，直观地表达设计意图。

3.1.1 轴线导向型

轴线导向型结构也就是我们常说的轴线结构，是在规划设计行为中，对空间属性主动建立的一种呈现线性的联系。这种联系的建立旨在进一步对空间的组织构建产生影响。但是注意区分的是，集结成线状的空间实体或布点走向呈现大致线状的点状空间实体，若不主动地对空间的组织构建产生了影响，则不应将其描述为轴线。

轴线导向型结构具有强烈的逻辑性和集聚性，一定的空间要素沿轴线布置或对称或均衡，形成具有节奏的空间序列，起着支配全局的作用，往往呈现层次递进、起落有致的均衡性，由起点、过渡、高潮和结束不同部分丰富轴线内容（图 3-1-1）。

轴线导向型按照轴线数量可分为单轴和复合轴两类，其中：单轴有直线形、曲线形和折线形；复合轴有带状并置、放射、网格、叠加和自由并置几种类型。

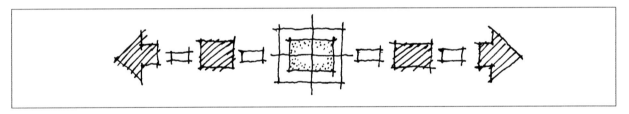

图 3-1-1 轴线导向型结构

3.1.1.1 单轴

单轴结构的空间布局由单向的主轴线、节点、面状基底空间组成，特征是"长"，所以表达了一种主方向性，在主轴线上还可以派生出若干次要的枝状空间轴线。单轴结构按照轴线本身的形状可分为直线形、折线形、曲线形三类（图 3-1-2）。

轴线结构的组织元素是多元的，包括建筑、广场、道路、景观等，根据这些组织元素的相对位置关系和排列规律，可以分为对称型单轴结构、均衡型单轴结构（图 3-1-3）。对称型单轴结构的轴线两边元素严格遵守左右对称规律，在空间上产生轴向性，基本特征是庄重、雄伟，方向明确、有规则，给人强烈的严谨和规整的空间感受，一般情况下行政中心类或者规划围绕尺度较大的线形中心绿地展开时，常采用这种模式；均衡型单轴结构的轴线两边元素可以不用严格遵循空间对称规律，设计时要有主次、有重点、有变化，形成错落有致的空间形态，用地较大时，可以在主轴之外再附加次要轴线，以增加空间变化。

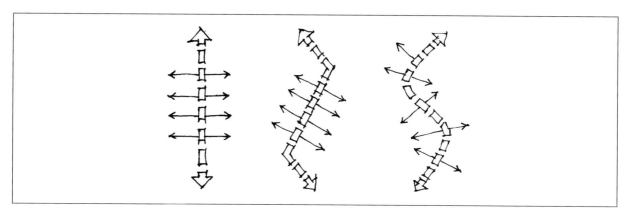

图 3-1-2 直线形、折线形、曲线形轴线结构

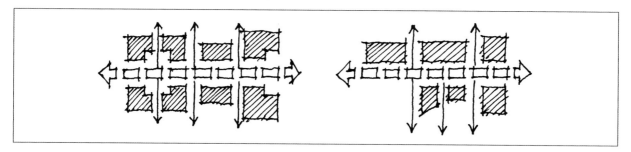

图 3-1-3 对称型、均衡型轴线结构

3.1.1.2 复合轴

复合轴线结构多由两条或多条线形轴线组合而成，其多用在功能复杂或现状组团凌乱时，分别用轴线叠加、连续的构成手法，建立与原有环境的关系。根据轴线相互间的位置关系可分为：带状并置、放射、网格、叠加、自由并置五种类型。

1. 带状并置

带状并置轴线结构由多条不相交的轴线并列组成，轴线与轴线间的关系或对称或非对称，轴线形状可以是直线形、折线形，也可以是曲线形，具体轴线关系和形式根据具体地形和道路等因素确定（图 3-1-4）。

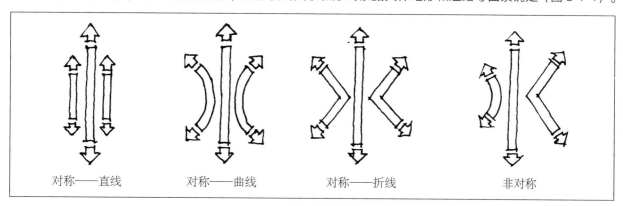

| 对称——直线 | 对称——曲线 | 对称——折线 | 非对称 |

图 3-1-4 带状并置轴线结构

2. 放射

放射轴线结构是由多条线形轴线相交于一点形成的放射型空间，可以两条轴线互相垂直形成十字放射结构（网格轴线的单元基础），也可以依托垂直的十字轴线形成左右对称或中心对称的"木"字和"米"字轴线。除此之外，轴线之间还可以形成自由交角，从交点出发结合功能区位置、规模布局，但是此类结构的轴线不宜为主要干道，以避免不合理的多岔路口出现。放射轴线结构往往与向心结构组合使用，增强空间导向性（图3-1-5）。

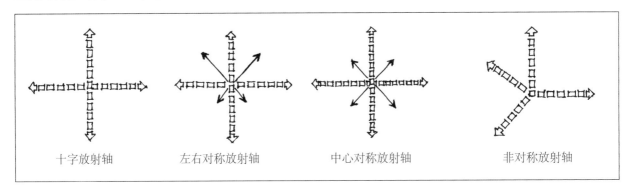

| 十字放射轴 | 左右对称放射轴 | 中心对称放射轴 | 非对称放射轴 |

图 3-1-5 放射轴线结构

3. 网格

网格轴线结构是由两个互相垂直方向上的多条平行（类平行）轴线组成的多个十字轴线叠加空间，网格轴线本身可以出现长短和形状不一的情况，形成特殊的网格轴线结构，如图3-1-6右所示网格结构变体等。其结构内部的轴线和节点一般不分等级，营造出的空间更加均质、平等。

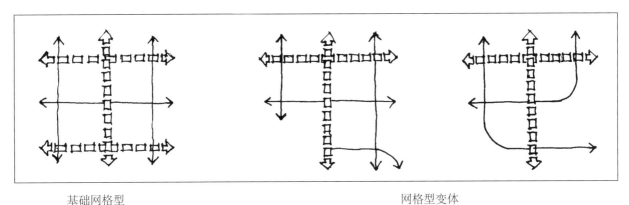

基础网格型　　　　　　　　　　　　　　　　网格型变体

图 3-1-6 网格轴线结构

4. 叠加

叠加轴线结构由上述三类复合轴线中的两种或三种叠加而成（图3-1-7），其轴线形式更加自由，使用时注意突出轴线、节点的层次和主次关系。

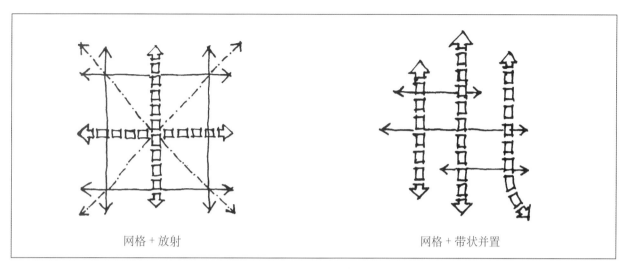

网格 + 放射　　　　　　　　　　　　　　　网格 + 带状并置

图 3-1-7 叠加轴线结构

5. 自由并置

自由并置轴线结构中的多条轴线自由并置，各轴线相互间联系不强、自成系统（图 3-1-8）。在组织此类轴线结构时，切忌为了构图和视觉冲击而随意生成轴线，忽视原有肌理和文脉。

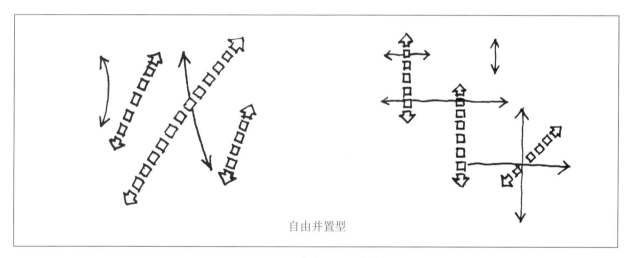

自由并置型

图 3-1-8 自由并置轴线结构

3.1.2 核心主导型

核心主导型结构，是将外围空间围绕占主导地位的核心要素组合排列，表现出强烈的向心性或围合性特点，多以自然顺畅的环形路网造就了中心主导的空间布局。核心主导型结构往往选择有特征的重要因素（建筑物、构筑物、开敞空间等）为构图中心，强化空间识别性（图 3-1-9）。

各分区围绕主导核心分布，既可用同样的组合方式形成统一格局，也可以允许不同的组织形态控制各

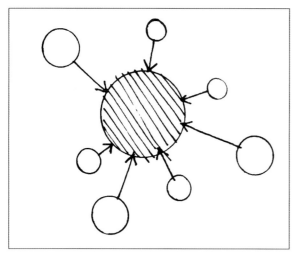

图 3-1-9 核心主导型结构

个部分，可以形成有效的边界，创造出良好的私密空间，在心理上给人以安全感和归属感，使空间更易于交往，符合传统的生活习惯。但是，须考虑到日照、通风，周边资源分配往往存在不均匀性。

按照核心数量可分为单核核心和复合核心，但是无论哪种类型，其整个结构的核心主导地位应清晰，不以核心的内容、位置和数量而变化。

3.1.2.1 单核核心

常见的单核心主导结构有向心型和围合型两大类。向心型结构将次要空间围绕占主导地位的要素组合排列，表现出强烈的向心性，多与放射轴线结构结合使用；围合型结构构成后的空间无方向性，主入口按方向可以设于任一方位，核心主导空间一般尺度较大，统率数个小规模次要空间。

1. 向心型

按照非核心主导元素的不同空间组织形式可以把向心型空间结构分为圈层扩展向心型和放射向心型两类。虽然都是向心结构，很明显圈层扩展型强调中心向外围平移的过程，以具有不同特点的圈层逐步向外展开，形成功能明确、有空间联系的整体关系；而放射向心型更加强调空间方向和核心吸引力，集中布局的元素向心性强，容易形成强烈的中心空间张力，多以道路、水系、绿化带等作为放射状要素，通过周围建筑组群形成放射布局（图 3-1-10）。

2. 围合型

相比向心型结构，围合型结构不强调周边元素必须垂直核心放射线，地块内部的建筑朝向更好，空间利用效率更高。按照围合状态可分为全包围型、半包围型两类（图 3-1-11）。四面或三面的围合空间封闭性较好。半包围的空间结构中，开敞的一面往往临山或临水，构成开阔的视野和景观。

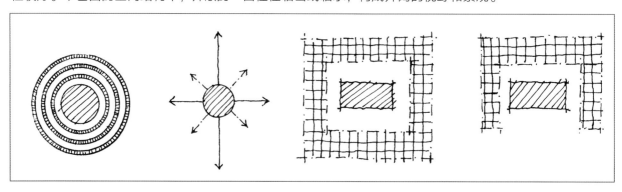

图 3-1-10 圈层型、放射型向心结构　　　　图 3-1-11 全包围型、半包围型围合结构

　　单核结构的核心内容可以是建（构）筑物、广场等开敞空间、山水绿化等自然景观。以高层、大型或形态特异、具有纪念意义的建筑物或构筑物为实体空间核心，在三维上可以形成良好的天际线，既节约了用地，也体现出来建筑物、构筑物的主导地位；以广场、集散中心等开敞空间为主导核心，其平面形态需与周边环境形成呼应，形成吸引人流的活力空间；以水系、山丘等自然景观为主导的生态核心的建立需要基于现状或任务书的限定条件，利用好，可以成为整个方案的亮点（图 3-1-12）。

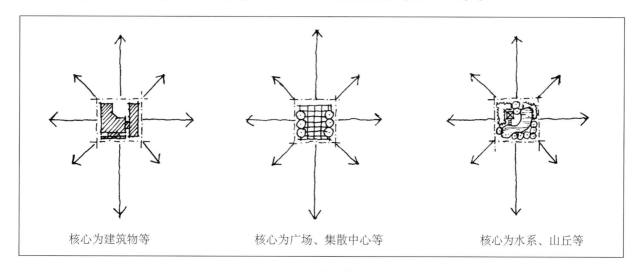

| 核心为建筑物等 | 核心为广场、集散中心等 | 核心为水系、山丘等 |

图 3-1-12 主导核心类型

3.1.2.2 复合核心

　　复合核心主导结构是指多于一个主导核心的空间布局，根据次要核心与主导核心的关系分为平级核心、二级核心、多级核心三种结构类型（图 3-1-13）。复合核心主导结构的主导核心数目和等级关系主要看区域功能分区和相互间的联系，梳理节点主次和导向是复合核心主导结构布局的关键。

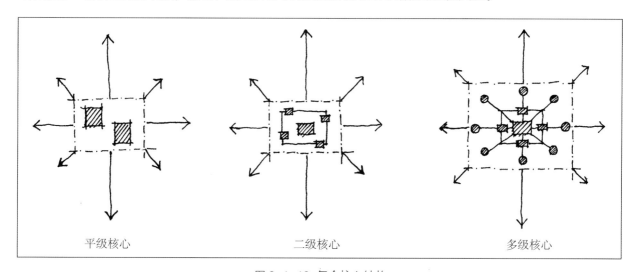

| 平级核心 | 二级核心 | 多级核心 |

图 3-1-13 复合核心结构

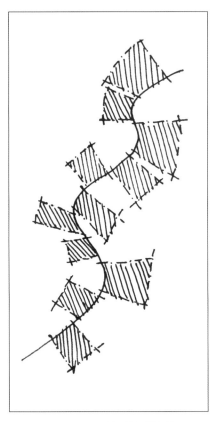

图 3-1-14 线形簇群结构

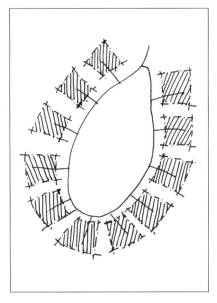

图 3-1-15 环形簇群结构

3.1.3 组团簇群型

组团簇群型空间结构在快速设计中，往往是指由于地形或其他的限制原因，形成大小不等的分散空间单元，在对分散的空间进行结构规划时，有意将功能相近或互补的集中在一个组团内，形成一个个空间分散的群组，再由交通联系成为一个有机整体。

此类结构更注重追求自然的空间布局和生态的有机融合，习惯与自然要素（如形态自由的水系、连绵起伏的山势）相结合，易于形成丰富的空间体验效果。

按照主要串联道路的布局形态，可以将其分为线形、环形、葡萄形、自由形四类结构。方案设计选择哪一类主要取决于地形与功能间的联系。

3.1.3.1 线形

线形簇群结构的组团间呈线性排列，通过一条主路串起各个组团，一般有首尾两个主要出入口。这样的结构常见于冲沟 - 丘陵地区、狭长谷地及沿河沿江等地区，最直接的影响就是狭长的地形和水域岸线（图 3-1-14）。

3.1.3.2 环形

地块由几个组团通过彼此间的交通联系共同构成的整体形态呈首尾相接的环状。可能是水湾海岛的限制或低山丘陵的阻隔，使得组团布局避开中间建设镂空地段，而在周围呈环状布局，以此形成的环状组团空间结构（图 3-1-15）。

3.1.3.3 葡萄形

组团从最初的分散布局各自从道路不同等级的交叉口扩展开来，相互间通过尽端式道路形成枝状布局形态，使得组团相互间私密性更强，交通便捷性则相应减弱（图 3-1-16）。

3.1.3.4 自由形

相比前面三类组团簇群结构，自由形组团簇群结构的交通联系更为紧密，道路布局更加自由，组团布局等级性更弱，可以被看作

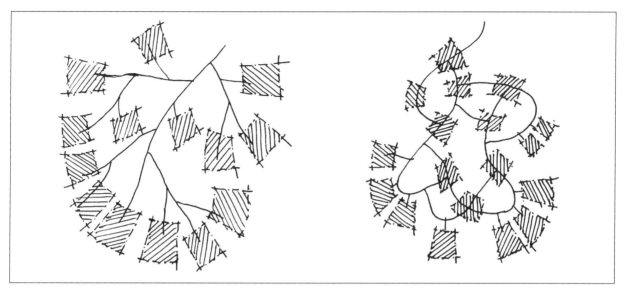

图 3-1-16 葡萄形簇群结构　　　　　　　　　图 3-1-17 自由形簇群结构

是一种网络结构的变体（图 3-1-17）。自由形结构强调建筑融入环境，但由于道路走向和空间布局形态更为自由，对地形和自然条件的处理要求高，因此建议慎用。

3.1.4 混合型

上述三类其实是最简易的核心结构类型，现实中往往是混合型的空间结构，如轴线型与向心型的结合、轴线型与簇群型的结合、簇群型与向心型的结合等。例如，利用主要轴线贯穿核心，并以带状结构串联起左、右边游离于轴线和向心组群的功能区，形成轴带状结构；以中间核心为主要空间节点，几条短轴结合放射空间，统领不同布局形态的周边建筑，形成围合的城市公共空间；仿照叶片大致形状，以中央绿轴结合鱼骨道路，与两侧带状序列建筑群共同形成叶片状结构；地形较为复杂的地块，则可以采纳上述多种结构混合，形成更为混合自由的核心结构等（图 3-1-18）。

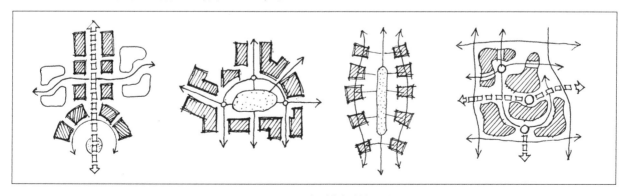

图 3-1-18 混合型空间结构举例

在快速设计中，先确定简捷、明确的核心结构，再由此衍生为混合型结构是最为常见和成熟的设计手法。

3.2 元素衔接

核心结构对元素的组织是建立在宏观基础上的，确定结构后各元素间的具体衔接方法还需要仔细考虑。其中，建筑作为城市规划设计的核心元素，其衔接也是快速设计的主要考核内容，这包括建筑组合的衔接、建筑与外部环境的衔接。

3.2.1 建筑组合的衔接

建筑组群的整体设计，无论布局多么宏大，各部分组成多么复杂，它都应该被作为一个整体看待。建筑组群设计并不是简单的建筑单体堆叠，它的各个部分都应该服务于一个明确的设计主题，体现核心功能需求，因此，在建筑风格、位置、体量等方面，应力求协调关系，统筹考虑。

3.2.1.1 建筑风格

虽然建筑本身的风格别具一格，可以给人以眼前一亮的感觉，但千楼千面，却会显得极为怪异。在设计时，我们要考虑新设计的建筑风格与周边是否相统一，更要考虑城市整体风貌的协调。因而，通过屋顶形式等风格层面的统一、对比或者渐变等形式，衔接建筑组群就是重要的方法（图3-2-1）。

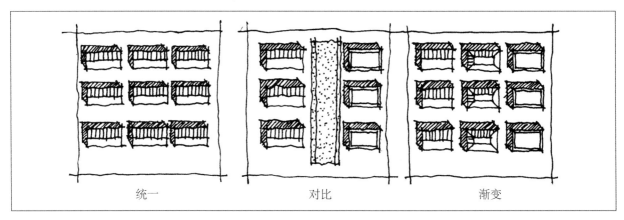

统一　　　　　　　　　　对比　　　　　　　　　　渐变

图3-2-1 建筑风格衔接

3.2.1.2 建筑位置

"贴线率"是指建筑沿街面与建筑控制线叠合部分占建筑控制线总长度的百分比。这个比值越高，沿街面看上去越齐整。提高建筑贴线率有助于使不同建筑间的衔接和过渡更加容易。一般可以通过以下三种方法提高贴线率，实现建筑衔接：缩短建筑间距并增加建筑连续界面、将建筑底层架空、建裙房（图3-2-2）。除此之外，开敞度也是衡量建筑位置衔接关系的重要指标。与贴线率的作用正好相反，加大开敞度可以增加建

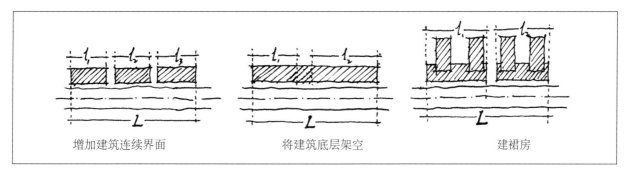

图 3-2-2 提高建筑贴线率的方法

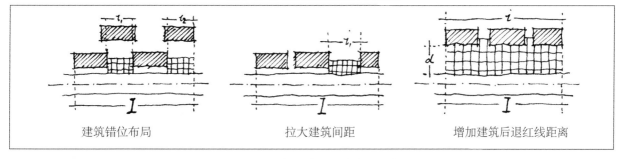

图 3-2-3 加大建筑开敞度的方法

筑与建筑间的空间活力,为建筑群带来变化的空间形式。而加大建筑开敞度的空间方法包括:建筑错位布局、拉大建筑间距、增加建筑后退红线距离(图3-2-3)。适宜的贴线率和开敞度使得各建筑间比例均衡,空间错落有致。

3.2.1.3 建筑体量

建筑是讲究变化的,变化的过程中就体现了建筑的韵律,应和谐统一。建筑群体布局之时,就要注意到建筑体量的衔接,建筑群体空间必须在平面、立面体量关系上均保持协调,从而通过平面尺度和高度的统一、对比、渐变等手法,达到突出主次、强调重点、形成韵律节奏、打破呆板的设计初衷(图3-2-4)。

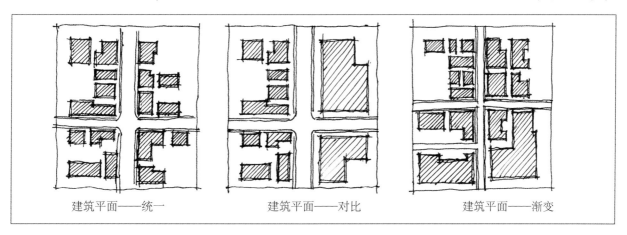

图 3-2-4 建筑体量衔接

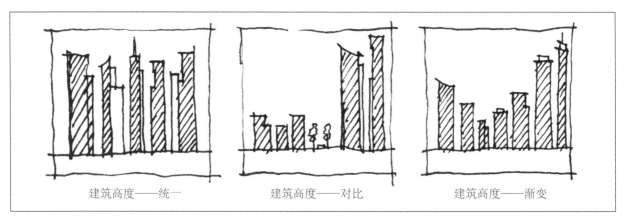

建筑高度——统一　　　　　　建筑高度——对比　　　　　　建筑高度——渐变

图 3-2-4　建筑体量衔接（续图）

3.2.2 建筑与外部环境的衔接

建筑布局要顺应环境，强化和凸显场地有利的形态特征，规避不利条件，在设计中，彼此借势，共生互融，形成整体的空间形态和环境品质。其中，影响建筑空间布局的外部环境主要有：地形、道路、绿化、水系和广场。

3.2.2.1 建筑与地形

在快速设计中，建筑与地形的衔接主要指的是建筑适应有高差变化的地形。这种适应性布局包括：沿等高线平行排列、沿等高线错动排列、沿等高线垂直排列三类（图 3-2-5）。三类布局方式各有优势：平行衔接等高线的布局容易形成线性空间，建筑界面更加完整；错动衔接等高线的排列方式更容易形成空间层次感，良好的建筑空间视线；垂直衔接等高线的排列方式易于规划通风廊道，建筑间形成的明显高差变化既丰富了空间和立面，又缩短了建筑前后间距，节约了空间。

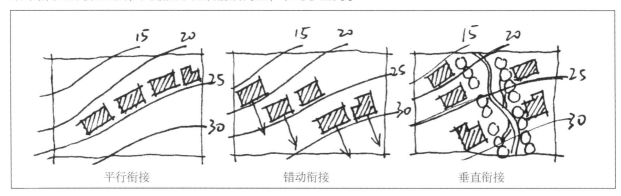

平行衔接　　　　　　　　　错动衔接　　　　　　　　　垂直衔接

图 3-2-5　建筑与地形的衔接方式

3.2.2.2 建筑与道路

快速设计中沿道路的建筑与道路的衔接关系有下述三种：建筑主立面平行于道路、建筑主立面垂直于道路、建筑主立面沿道路扭转（图 3-2-6）。建筑主要朝向布局，取决于对所处地的通风、日照要求。确定

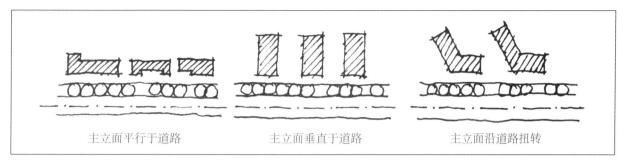

主立面平行于道路　　　　　　　主立面垂直于道路　　　　　　　主立面沿道路扭转

图 3-2-6 建筑与道路的衔接方式

主朝向后，当建筑主立面平行于道路可形成较连续的街道界面，但同时面街建筑受道路噪声干扰较大；建筑主立面垂直于道路时，易于通风，建筑与建筑间的开敞空间还有助于形成天际线的变化；建筑主立面沿道路扭转可以创造出开阔的视野，形成变化的开敞空间。

3.2.2.3 建筑与绿化

绿化与建筑的衔接关系有以下几种：绿化划分建筑，形成相对独立的空间；线形绿化起引导作用，与建筑空间一起塑造视线通廊、围合空间等；位于建筑组团中心的绿化，凝聚建筑，形成围合的私密空间；保留现状绿化于建筑内部，形成绿化空间；绿化散布于建筑周围，使得建筑与绿化融为一体（图 3-2-7）。

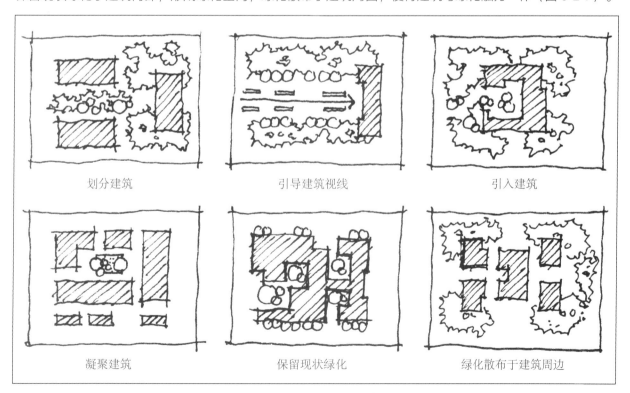

划分建筑　　　　　　　　　　引导建筑视线　　　　　　　　　引入建筑

凝聚建筑　　　　　　　　　　保留现状绿化　　　　　　　　绿化散布于建筑周边

图 3-2-7 建筑与绿化的衔接方式

3.2.2.4 建筑与水系

水系在快速设计中与绿化有一定的不同。因其可进入性的差别，可以利用线性水系穿越建筑，形成开放的水街；引水入建筑空间，塑造水景，激活空间；建筑面向一侧水面，形成开阔视野；水系包围建筑，形成岛状空间或者建筑包围水系，调节局部环境气候；自由的水体还可以与规整建筑，形成体量对比，给人不一样的空间感受（图3-2-8）。

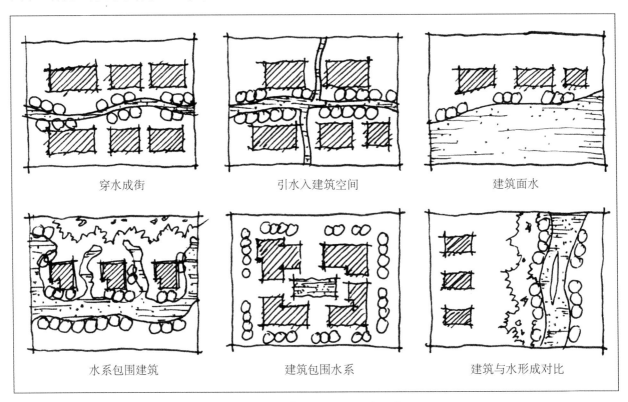

穿水成街　　　　　　　　　引水入建筑空间　　　　　　　　建筑面水

水系包围建筑　　　　　　　　建筑包围水系　　　　　　　建筑与水形成对比

图3-2-8 建筑与水系的衔接方式

3.2.2.5 建筑与广场

建筑与广场（开敞空间）的关系可以概括为两类，一类建筑位于广场内部，另一类建筑位于广场外部。第一类，当建筑位于广场四角，可以平衡空间关系，与广场分区而治，灵活布局；当建筑位于广场中心时，形成标志建筑，吸引人流，为广场增加活力和人气；当建筑位于广场中轴线的顶端，形成对称的严谨空间。第二类，建筑包围广场，可形成围合的开敞空间；建筑一主两副，形成秩序空间，与广场形成单面开敞空间，吸引人流；建筑布局成街，还可导向广场空间（图3-2-9）。

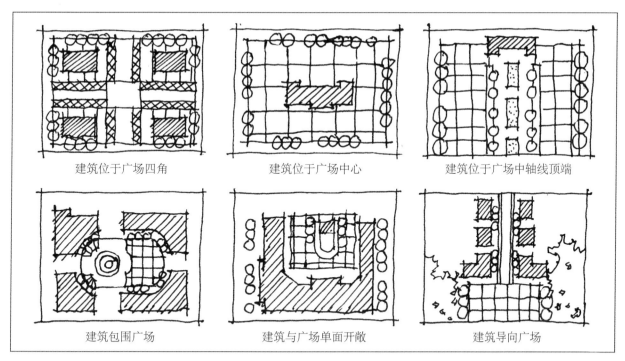

图 3-2-9 建筑与广场的衔接方式

3.3 快速设计中核心结构实例

上面介绍了四类典型的核心结构——轴线导向型结构、核心主导型结构、组团簇群型结构和混合型结构，以及快速设计中主要元素间的各种衔接方式。实例快速设计其实是对这些结构、元素衔接方式的组合和变通，下面用四个实际案例对核心结构的运用和元素衔接方式进行简要展示（图 3-3-1 ~ 图 3-3-4）。建议读者自行归纳本书第 6 章的优秀案例，也可以在平时注意积累自己认为好的核心结构，进行学习和锻炼，以确保熟练掌握并灵活地运用到自己的设计方案中去。

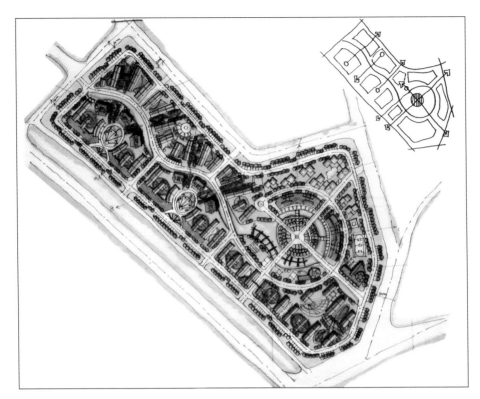

图 3-3-1 混合结构实例一（某考生绘）

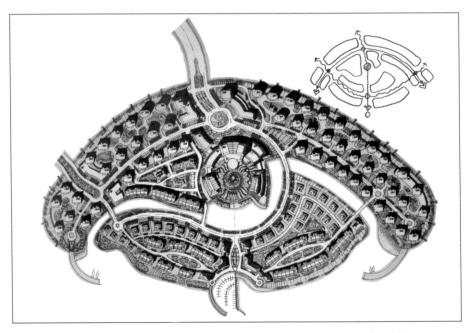

图 3-3-2 混合结构实例二（天津大学城市空间与城市设计研究所绘）

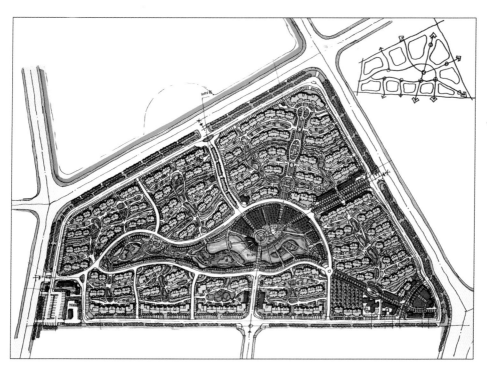

图 3-3-3 混合结构实例三（天津大学城市空间与城市设计研究所绘）

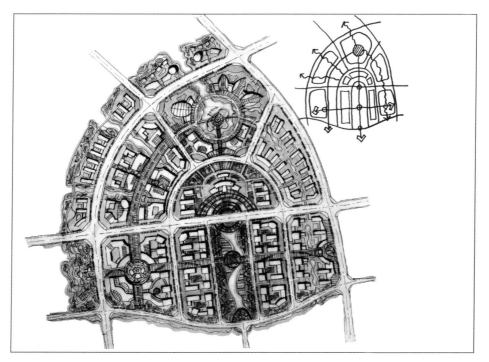

图 3-3-4 混合结构实例四（陈阳绘）

第 4 章　综合功能区快速设计

前面介绍了城市规划快速设计中基本的积累、组合和过渡方法，但如何将这些内容在快速设计中合理运用，是我们在面对综合功能区快速设计时需要着重考虑的问题。一个优秀的方案在结构、功能、空间、层次等方面都要因地制宜、合理布局，面对不同的问题和限制，进行针对性的规划设计，寻找相对最优的解决方案。

因此，明确快速设计中的各类限制要求，选择合适的解决方案进而串联设计要素才是快速设计的核心问题。限制要求往往来源于多方面，有较为宏观的上位规划要求、地形限制要求，也有较为中观的经济技术指标要求、用地性质要求，还有深入到细节的风貌肌理要求、法定规范要求等。本章从大量的实践中将常见限制条件总结为以下几类：

（1）基地地形限制。由于地形地貌及规划设计范围造成的用地边界限制。

（2）阻隔型要素限制。由于城市线性交通设施（如铁路、高架道路）或自然河流造成的用地范围内分割、阻隔用地的限制。

（3）既有功能与结构限制。在设计范围周边或部分延伸至设计范围内的已有城市功能区和核心结构的限制。

（4）重要节点限制。由于设计范围外存在对地块设计有不可忽略影响的设施、建筑、构筑物、广场等节点而产生影响核心结构布局的限制。

（5）特殊现状限制。由于设计范围内存在对地块设计有不可忽略影响的文物建筑、保留构筑物、生态湿地、湖泊等特殊现状而产生影响核心结构布局的限制。

（6）指标规范限制。容积率、建筑密度、绿地率、建筑高度、日照间距、建筑退线等指标规范限制。

（7）地域风貌限制。由于地域特色和城市设计要求，在建筑细部、肌理、体量、色彩、形式等方面的特色风貌限制。

以上限制条件对于快速设计的影响程度是不同的，有些会影响快速设计的结构选择，有些会影响局部地块的空间布局，有些则会影响细部处理，从而导致不同限制条件下相对应的设计解决方案深度也不相同。我们可以从影响的宏观、中观、微观三个尺度来审视这些条件，并在不同的设计深度下选择不同的解决方法。

除此之外，应当注意的是，在城市规划快速设计中，限制条件往往是复杂且混合的，对于这些限制条件，我们必须学会甄别和排序。城市规划是公共资源（这里是空间资源）的再配置，是对不同利益诉求的再平衡，因此，分析什么是最主要的限制，什么是次要的乃至可以忽略的限制，优先解决主要矛盾，兼顾其他要求，是规划方案成功的关键。一定不要东一榔头西一棒槌，试图一次性解决所有问题，从而使方案的层次和重点不突出或是结构再次混乱。

下面我们从影响的宏观、中观、微观三个尺度分别探析这些限制条件及其常见的解决办法。

4.1 宏观尺度下的快速设计

宏观尺度下的快速设计，优先解决的是设计范围内的核心结构选择问题。如何利用恰当形式的核心结构，将方案串联起来，使之清晰明了，是快速设计的第一步。在合理的结构下进行方案深化，才能将方案意图、层次、重点表现出来。

在这一层次，基地地形限制、阻隔型要素限制、既有功能与结构限制、重要节点限制及特殊现状限制是最主要的限制条件，影响着方案核心结构的选择与布置。

4.1.1 基地地形限制

适宜建设用地往往会因避开不利地形、现状分割、自然边界干扰等因素产生多种形状的地形。核心结构的选择要与地形相契合，避免出现建设时难以使用的边角地、联系薄弱的边缘地等状况，在增强功能合理性的同时使整个方案有较强的整体感。

常见的基地地形有以下几种形式（图4-1-1～图4-1-8）：近矩形地块、狭长地块、三角形地块、扇形地块、多边形地块、近圆形地块、散落地块、自由形地块。具体核心结构的选择原则如下：

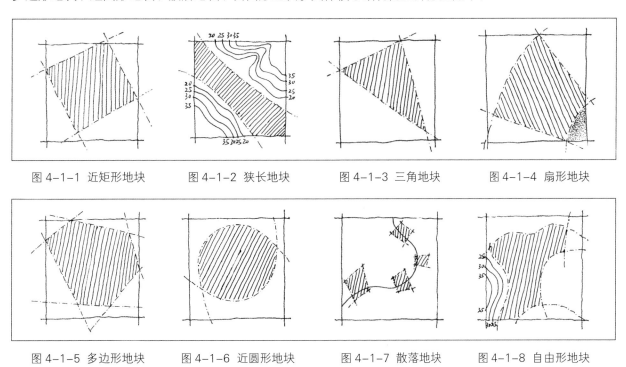

图4-1-1 近矩形地块　　图4-1-2 狭长地块　　图4-1-3 三角地块　　图4-1-4 扇形地块

图4-1-5 多边形地块　　图4-1-6 近圆形地块　　图4-1-7 散落地块　　图4-1-8 自由形地块

4.1.1.1 近矩形地块

近矩形地块是最常见的一种形式，多见于地势平坦、开阔地带，限制条件最少，地形规整，利于交通路网设置和建筑布局。近矩形地块可适用的核心结构较多，常见的有网格结构、向心结构、轴线结构和叠

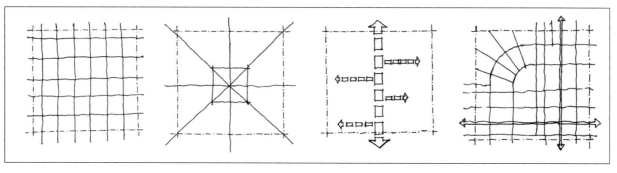

图 4-1-9 网格结构　　　图 4-1-10 向心结构　　　图 4-1-11 轴线结构　　　图 4-1-12 叠加结构

加结构（图 4-1-9 ~ 图 4-1-12）。

网格结构利于形成规整的小地块，建筑布局便利，交通组织顺畅，可以形成模式化的城市肌理；向心结构适用于有显著核心的地块，有助于强调重心；轴线结构突出线性要素，将空间整体串联，利于形成秩序感；叠加结构则更加灵活，适用于多层次、多重点的复合设计。

4.1.1.2 狭长地块

因现状建筑，或山地、江河湖泊等自然地形挤压，常形成带状狭长地块。狭长地块未必为直线形，可能会有多道拐弯或转折。狭长地块受地形限制，可选择的核心结构较少，常见的有带状并列结构和轴线结构（图 4-1-13、图 4-1-14）。

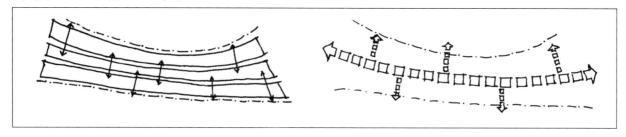

图 4-1-13 带状并列结构　　　　　　　　　　　図 4-1-14 轴线结构

带状并列结构也被形象地称为"三明治"结构，将不同的空间序列，以并联形式组合，通过交通或景观系统横向联系，该结构有利于在狭长地块中形成明显的空间布局和功能分区，层次感强烈；轴线结构利于在狭长地块中营造线性核心，能够形成对长跨度空间较好的把控，整体性强，但如果轴线承担交通功能，则可能带来交通通道选择的单一性和交通压力。

4.1.1.3 三角形地块

因道路交叉、边界区划等因素形成的地块。三角形地块最大的使用限制在于其三个角，不利于建筑布局，也不利于组织交通。但三角形地块指向性强，有明显的几何特征。其常见的核心结构有轴线结构与向心结构（图 4-1-15、图 4-1-16）。

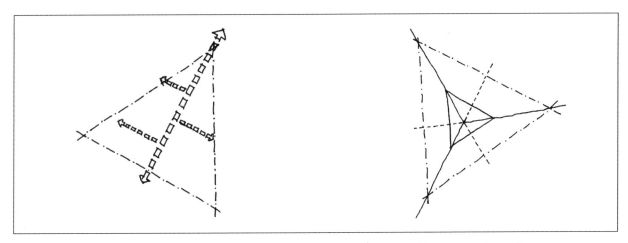

<table>
<tr><td>图 4-1-15 轴线结构</td><td>图 4-1-16 向心结构</td></tr>
</table>

轴线结构可以充分利用三角形地块的指向性，突出强烈的线性空间感，将地块中的要素组织在核心周围，联系紧密；向心结构则适用于地块内有较为重要的空间核心，如保留建筑、重要景观、广场、商业中心等的地块，利用几何特征，将要素聚集，可以形成众星拱月式的空间序列。

4.1.1.4 扇形地块

扇形地块可被看作三角形地块的变体，其最大特征在于地块范围外存在着不可忽略的节点，即扇形地块自身常常具有一定的向心性。由于地块外节点的存在，扇形地块的核心结构选择需考虑地块内外要素的联系和相互关系。其最常用的核心结构为轴线结构（图 4-1-17）。

轴线结构能够直截了当地突出区域核心，搭建地块内外要素的联系通道。同时，线性的核心空间能够很好地沟通扇形地块内、外两侧，更便于布置交通与景观系统。通过次要轴线的穿插，可以形成具有一定向心性的轴线网络空间。

若扇形地块只因边界区划形成，没有地块外节点，则可参考近矩形地块选择核心结构。

4.1.1.5 多边形地块

多边形地块设计方案存在着多种可能，多边形地块只是一个统称。由于边数较多，地形限制会比

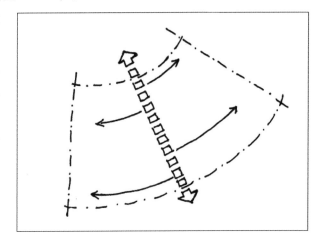

图 4-1-17 轴线结构

近矩形地块和三角形地块要多很多。复杂的多边形地块的应对则是选择以地块切割的方法进行结构的二次解剖，即通过切割的方法将多边形地块转化为若干近矩形地块、三角形地块甚至近圆形地块，对小地块进

行结构布置，形成叠加结构。这种设计方法会在多边形地块内形成若干小核心，再选择其中一至两个为整个地块的核心，对整体进行高一层级的结构划分。这种设计方法可以使空间主次分明、条理清楚。

以五边形地块为例，我们可以通过很多种分割方法来形成不同的小地块。若将五边形地块分割为三个三角形地块，可以形成三个向心结构，如图 4-1-18 所示；若将五边形地块分割为一个狭长地块和两个三角形地块，则可以形成一个带状并列结构与两个向心结构，如图 4-1-19 所示；若将五边形地块分割为一个近圆形地块和若干三角形地块，则可以得到一个向心结构及相关联的轴线结构，如图 4-1-20 所示；若将五边形分割为一个三角形地块和一个近矩形地块，则可以得到一个网格、轴线、向心叠加的核心结构，如图 4-1-21 所示。

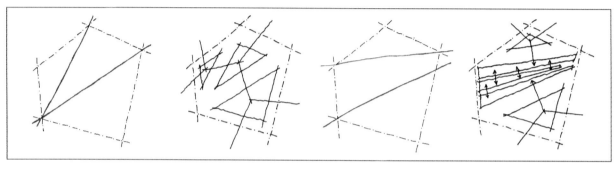

图 4-1-18 三个向心结构　　　　　　　图 4-1-19 一个带状并列结构与两个向心结构

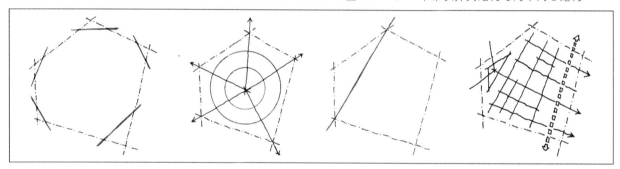

图 4-1-20 向心结构及相关关联的轴线结构　　　　图 4-1-21 网格、轴线、向心叠加的核心结构

4.1.1.6 近圆形地块

近圆形地块较为特殊，一般情况下，基于其独特的几何特性，我们采用向心结构，以突出圆心位置的重要节点或特殊功能。由圆心向外可辐射多条轴线，可以使向心性提升，同时增强圆周至圆心连线上的空间联系，打破空间隔阂，防止结构沉闷、死板（图 4-1-22）。

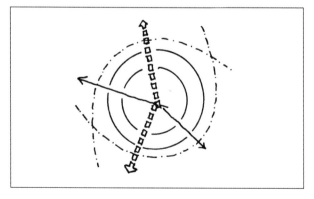

图 4-1-22 向心结构

4.1.1.7 散落地块

散落地块常见于村落、山区等区域。由于建设适宜度和自然环境的限制，用地分散，常以道路为引，将各个地块串联起来。对于散落地块，用地布局和形态已经确定，我们需要解决的问题是如何将地块内的结构与串联道路协调组织。常见的结构有单支尽端、枝状与环形（图4-1-23～图4-1-25）。

单支近端结构适用于地块较小、交通组织简单、流量较小的情况，例如小型居住组团、小村落等的设计；枝状结构私密性较强，地块受主路交通影响最小，适用于度假区、会所等的设计；环形结构则强调交通组织的通达性，开放度较高，适用地块较大、功能复合的情况，例如镇区、会议场馆区的设计。

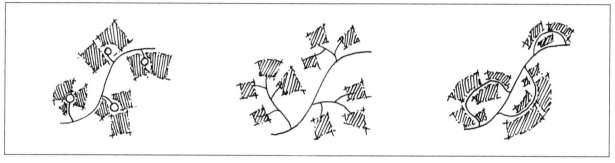

图4-1-23 单支尽端结构　　　　图4-1-24 枝状结构　　　　图4-1-25 环形结构

4.1.1.8 自由形地块

自由形地块可被认为是多边形地块的变体。当多边形地块的边数达到无数多时，它便成为自由形地块，其边界可能为任意曲线或折线。这种地块在实际规划中很常见，与周边地形和环境联系紧密，对待这种地块设计，需要灵活地组织结构。

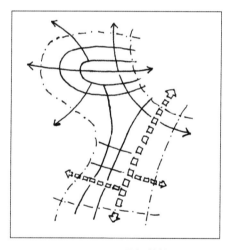

与多边形地块类似，自由形地块的核心结构布置也需要二次解剖，将地块分割为多个较容易处理的小地块，分别安排结构，再将各个小结构统一，完成整个地块的设计。因此，采用叠加结构是应对自由形地块的最佳选择（图4-1-26）。

具体的分割与设计方法可参见多边形地块，要做到随机应变、因地制宜。

图4-1-26 叠加结构

基地地形限制是对核心结构有决定性影响的条件，针对不同地形选择合理的核心结构是快速设计的首要步骤。在日常设计中，地形限制的条件往往要比前面介绍的情况更复杂，想要寻找合适的解决方案，需要将实际条件予以分析和整理，将其解构为简单类型的复合体，从而找到不同的应对方式并恰当组合，完成大结构的搭建工作。

4.1.2 阻隔型要素限制

阻隔型要素主要由城市中的穿越性交通或是自然条件的河流、渠道构成。由于其线性的阻隔作用，设计地块的整体性受到了不同程度的影响。这种影响对于核心结构的选择同样是不可忽略的。从要素对地块的阻隔程度来看，阻隔型要素可分为三类：半阻隔型、全阻隔型和分割型（图 4-1-27 ～图 4-1-29）。

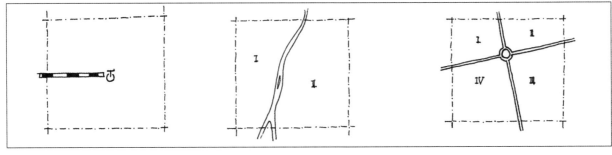

图 4-1-27 半阻隔型　　　　　　　图 4-1-28 全阻隔型　　　　　　　图 4-1-29 分割型

4.1.2.1 半阻隔型

半阻隔型要素指阻隔要素的端点之一在地块内，由端点向地块外线性延长，从而对地块的一部分产生阻隔。常见的情况有城市工矿用铁路、货运铁路等。对于半阻隔型要素，我们首先需要确定其生产使用状况和利用条件。

若半阻隔型要素已经不事生产、处于废弃或待二次开发的状态，则轴线结构是最优选择（图 4-1-30）。轴线结构可以最大限度地激发该要素的利用潜力，形成的文化轴线、商业轴线或生态轴线可将周围其他要素与之产生紧密联系，从而使整个地块成为一个以该要素为核心的整体。

若半阻隔型要素仍在使用，即该要素是地块中不可跨越型障碍时，可考虑将地块切割，形成不受要素影响的地块 I 和受要素影响的地块 II、III。将分割的小地块分别进行次级结构安排，最后结构叠加形成整体联系（图 4-1-31）：地块 I 和地块 II、地块 I 和地块 III 之间可形成强联系；地块 II 和地块 III 之间由于半阻隔型要素的存在则形成弱联系或无联系。

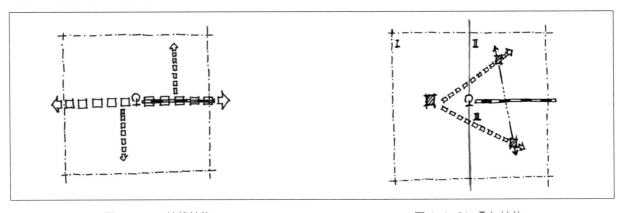

图 4-1-30 轴线结构　　　　　　　　　　　　　图 4-1-31 叠加结构

4.1.2.2 全阻隔型

全阻隔型要素指要素的两端均在地块外，线性要素将地块整个拦截。常见的情况有过境铁路、高速公路或自然河流与渠道。对于全阻隔型要素，我们同样需要确定其生产使用状况和利用条件。

若全阻隔型要素已经不事生产或有优越的生态自然条件，则轴线结构是最优选择（图4-1-32）。依托要素自身条件形成的轴线可以消除地块的割裂感。

若全阻隔型要素不具有形成轴线的条件，则可以将地块视为被切割的地块Ⅰ和地块Ⅱ（图4-1-33）。在单独的地块中安排结构并确定一个或几个核心。在进行整体地块的结构叠加时，同一地块的核心可形成强联系，不同地块间的核心可形成弱联系或无联系。

若全阻隔型要素不具有形成轴线的条件，但具有可穿越性的特点，处理方式可参见分割型要素下的可穿越型分类。

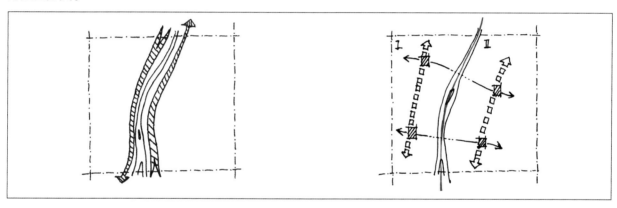

图4-1-32 轴线结构　　　　　　　　　　　　　　图4-1-33 叠加结构

4.1.2.3 分割型

分割型要素可视为多条全阻隔型要素在地块内交叉，从而使地块割裂成多地块的状况。常见的情况有高速路交叉口、河流交汇口等。分割型要素往往不能形成轴线，并且其强大的地块分割能力使我们不得不将地块切开，分别进行设计。但是，我们仍然需要在大的叠加结构设计时，考虑分割型要素的穿越性。根据穿越性的强弱，我们将其分为可穿越型和不可穿越型。

可穿越型常见于高架道路交口、立交桥等区域，虽然有线性分割，但一定程度上保持了分割要素两边区域的交通可达性。此时可以将可穿越的地块作为统一整体进行结构设计，地块核心间形成强联系。但由于分割型要素的存在，依然需要在小地块交接处做好绿化防护和退线设计（图4-1-34）。

不可穿越型常见于非高架设计的国道、省道、高速路交口或河流渠道交汇口，具有交通不可穿越性。此时只能将各分割地块单独进行结构设计，最后叠加。由于不可穿越的阻隔，各地块核心间形成弱联系或无联系（图4-1-35）。

阻隔型要素常常将地块打破，使之变为多个单独设计的小地块。这些小地块的结构设计要根据分割的情况合理选择，分割出的地块地形又产生了新的限制，需要参考前面的介绍仔细思考。

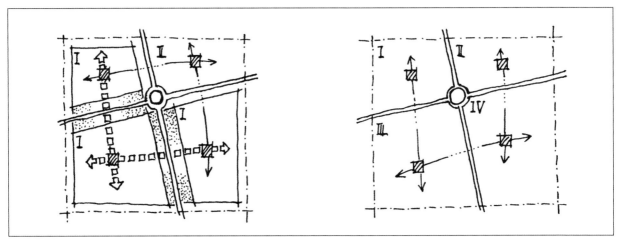

图 4-1-34 可穿越型　　　　　　　　　　　图 4-1-35 不可穿越型

4.1.3 既有功能与结构限制

在快速设计地块的限制条件中，既有功能与结构也是一大因素。大量的城市建成区对设计地块会或多或少有影响，其功能的安排与布局、结构的延续与对接也对设计地块的核心结构产生作用。

当既有功能与设计定位功能相同或相近时，我们通常考虑将同功能区统一设计，延续既有结构是比较好的选择（图 4-1-36）。将核心轴线或核心空间进行对应，结构保持一致，可以将既有建成区与设计地块较好地融合，使设计更贴合于周边环境，整体性更强。

当既有功能与设计定位功能不同或差异明显时，我们通常考虑仅仅将既有结构承接但不予延续（图 4-1-37），设计地块内保有自身完整结构，在交通、视廊等流线上保持通畅即可。这样可以使功能区划分明确，地块自身结构清晰明了，系统性更强。

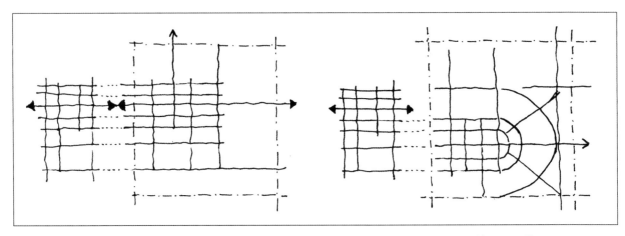

图 4-1-36 对接且延续　　　　　　　　　　图 4-1-37 承接而不延续

4.1.3.1 对接且延续

既有结构的延续并不是简单的复制，自身结构的完整性同样需要保证。同时，由于其他设计需要，结构的延续也要适当地进行变形。根据既有结构延续的完整程度，我们将其分为完全对应延续与不完全对应延续两种方式。

完全对应延续就是在与既有结构相同类型的基础上，采取将核心空间、轴线与既有结构完全对应的设计方式。这种设计方式最大限度地保持了功能区的统一性，使设计地块在整个大区域下有极高的贴合度（图4-1-38）。

不完全对应延续则是在与既有结构相同类型的基础上，采取将核心空间、轴线进行转折、弯曲或偏移对应的设计方式。这种设计方式比完全对应延续更加灵活多变，适应其他设计需求的能力更强，但对原结构的延续完整度较低（图4-1-39）。

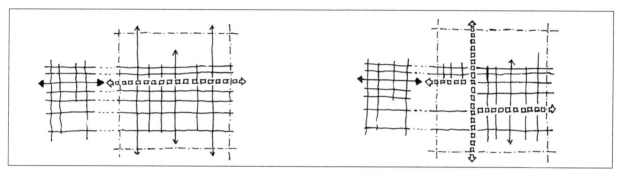

图 4-1-38 完全对应延续　　　　　　　　图 4-1-39 不完全对应延续

4.1.3.2 承接而不延续

设计地块的结构与既有结构无须对应延续时，不能与既有结构脱节，除了交通与廊道的必要沟通外，仍然需要保持一定的承接。例如设计地块采用了与既有结构方向垂直的轴线结构（图4-1-40），仍然需要在副轴或次要轴线上与既有结构轴线相呼应，否则会造成设计地块在大区域下的不协调；再如设计地块采用了与既有结构完全不同的向心结构（图4-1-41），仍然将其中一条放射轴线与既有结构对应，以谋求整

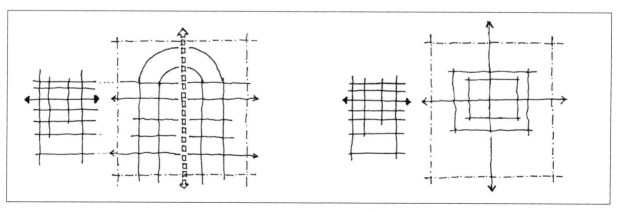

图 4-1-40 轴线结构　　　　　　　　图 4-1-41 向心结构

体的协调。

既有功能与结构限制并不如基地地形限制和阻隔要素限制那么苛刻，其考虑更多的是设计地块的结构在更大区域下的协调性问题。它并不能起到决定性的作用，却能够左右一个方案的合理性评判，因此在快速设计中，我们也需要对这种限制有充分的考量。

4.1.4 重要节点限制

在快速设计中，设计地块外常常会有一些节点，如交通设施节点、广场公园等景观节点、文保建筑等文化节点，这些节点的存在可能会对设计地块的核心结构产生很大的影响。这种情况下，我们首先需要根据快速设计要求，仔细分析地块外部所存在节点的重要性，排除干扰因素。一般来说，存在大量人流的节点不可忽略，如站前广场、商业中心等；存在重要文保单位的节点不可忽略，如古建筑等；存在地标建筑或构筑物的节点不可忽略，如政府大楼等。这些节点都可视为重要节点。其他的如亲水平台和健身小广场一类的节点，虽需要考虑，但达不到影响核心结构的程度，可以暂时忽略。

由于重要节点的存在，必须强调其对于地块的重要空间引导作用和其与地块的强联系关系，轴线结构便成为应对这类节点限制要素的首选方案。

当地块外存在单重要节点，可将其视为轴线的起始区域，向设计地块内进行空间渗透（图 4-1-42）；当地块内存在双重要节点，既可以形成两条主轴在地块内穿插的形式（图 4-1-43），也可以形成一条曲轴直接联系两个重要节点（图 4-1-44）。若地块外存在多个重要节点，则需要进行筛选，以优先度最高的一至两个节点为主轴的起止区域，优先度稍弱的节点则可以以副轴或次要轴线联系的方式融入核心结构中（图 4-1-45）。

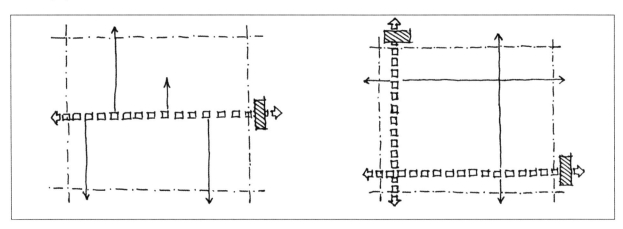

图 4-1-42 单重要节点　　　　　　　　　　图 4-1-43 双重要节点（一）

重要节点限制可被视为地块外部点状要素对设计地块的空间引导条件。轴线结构的使用是对空间引导的集中体现，它将地块外部点状要素引入设计地块内，使之与地块发生直接联系。

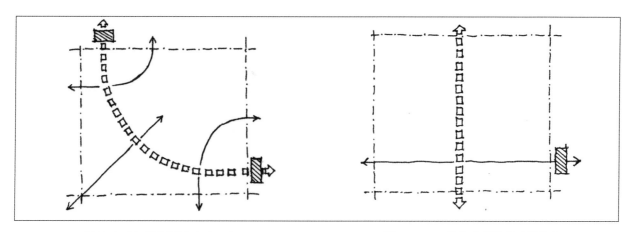

图 4-1-44 双重要节点（二）　　　　　　　　图 4-1-45 优先度稍弱的重要节点

4.1.5 特殊现状限制

快速设计中地块内常常会有一些特殊现状的限制。这些特殊现状可能是需要进行生态保护的湿地、不得建设开发的林地或田地，也有可能是根据规划要求必须保留的建设用地、文保单位、旧城区建筑等。这些现状形态多样，并且受条件约束我们无法将其变更或拆除，它们从地块内部限制了结构的正常设计，甚至可能将地块分割。

与重要节点限制因素不同，这些特殊现状并不一定是设计地块的核心空间，仅仅作为设计的有机部分而存在。一些生态用地可能需要进行隔离保护，与建设区保持距离；一些工业或矿区有污染问题，需要与生活区进行隔离；一些村落或老城区还可能需要刻意使用对比的手法，与设计区域相区别，形成形态、肌理、结构等方面的差异化……

合理处理特殊现状与设计区域的关系，是在核心结构搭建时也要解决的问题。解决这个问题，有两种对策：一是将特殊现状与设计区域作为两个地块，以对比与并列作为基本关系（图 4-1-46）；二是将特殊现状作为设计区域的核心部分，将要素与之发生紧密联系，以衔接与融合作为基本关系（图 4-1-47）。

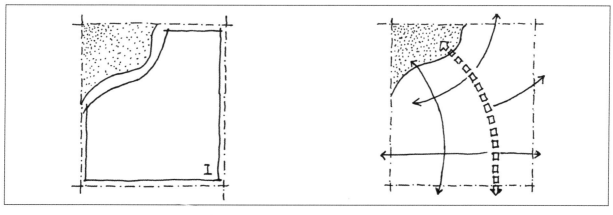

图 4-1-46 对比与并列　　　　　　　　　　图 4-1-47 衔接与融合

当我们把对比与并列作为基本关系时，设计地块和特殊现状之间则形成了一种弱联系（图 4-1-48）。我们可以通过隔离绿化、景观廊道等手段，将设计地块视为被切除一部分的特殊地形，参考地形限制条件选择合适的核心结构；但这并不意味着将特殊现状完全隔离，必要的交通、廊道、景观沟通依然需要，只是在大结构上保持了各自一定的独立性。

当我们把衔接和融合作为基本关系时，设计地块和特殊现状之间则形成了一种强联系（图 4-1-49）。通常情况下，轴线结构和向心结构最能体现这种关系。

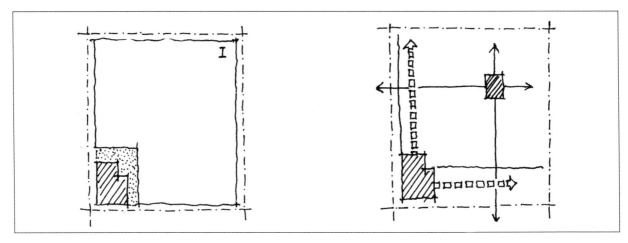

图 4-1-48 弱联系   图 4-1-49 强联系

在旧城保护规划或更新规划中，保留的特殊现状常常居于设计地块的核心位置，度假区、旅游区规划中的开放性绿地、水域也常居核心位置。此时必须选择强联系关系处理特殊现状，否则无法将核心区域协调处理。这种情况下，向心结构可以使特殊现状最大限度地发挥核心空间的价值，起到空间引导作用，凝聚区域中的其他要素（图 4-1-50、图 4-1-51）。

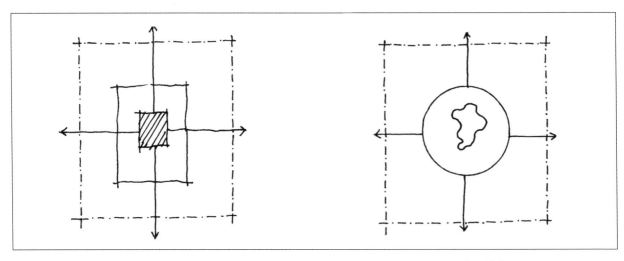

图 4-1-50 向心结构（一）   图 4-1-51 向心结构（二）

特殊现状限制既可以被视为对设计地块的分割和剥离，也可以被视为地块内部点状或块状要素对设计地块的空间引导条件。其关系的处理要根据设计条件和特殊现状的自身条件来拟定，即要符合设计定位和初衷。

至此，已基本梳理清楚宏观尺度下的快速设计限制条件，而实际中，对于核心结构的限制往往是上述条件中的多个混合，相对复杂且多变。在面对设计要求时，要仔细分析各个条件，梳理最主要的限制条件，优先解决，将复合的题目限制解剖为单个限制要素，逐步筛选核心结构，这样才能使方案设计趋于合理，各方面协调。

4.2 中观尺度下的快速设计

在确定了核心结构之后，中观尺度下的快速设计解决的是要素衔接和组团排布问题。想要将方案深化下去，就必须在核心结构搭建的骨架下填充"血肉"，使"肌体"充实起来，因此合理排布组团，协调各组团间关系成为城市规划设计中的第二个重要门槛。

在这一层次，基地地形限制、指标规范限制是最主要的限制条件，影响着方案要素衔接和组团排布。

4.2.1 基地地形限制

中观尺度下的基地地形限制与宏观尺度下的有所不同，它是指由于道路网、核心轴线、视廊或景观围合产生的建设用地地形边界限制。通常来说我们搭建道路网骨架时，会尽可能地使组团的建设用地规整，形成近矩形地块，这样利于交通顺畅，也使组团建筑布局更加协调，使用方便（例如四菜一汤式结构路网）。但由于种种限制，不可能所有的组团地块都形成近矩形地块，仍然会有很多用地成为较为复杂的其他地形。例如在局部因次干道交叉形成的三角形地块、被景观用地围合形成的近圆形地块或是处于边缘区的多边形地块和自由形地块。

中观尺度下的基地地形限制主要是组团地块边角处的建筑排布限制。各组团核心空间的建筑布局通常是规整的，但随着结构和地形的变化，建筑布局与基地的关系也产生了变化。协调布置基地边角处的建筑，使之与整体相呼应、使用便捷，需要熟悉不同建筑与基地的关系和布置手法（图 4-2-1）。

虽然这是一项熟能生巧的技能，但也不是完全无迹可寻的。在考虑基地地形限制对建筑布局影响时，我们可以尝试以下步骤来思考（图 4-2-2）：

⑴ 明确基地可用范围，退线及场地预留要求。在边角地或难以使用的地块，要合理介入场地设计，不要一味想着用建筑将地块填满，这既不利于使用，也不经济。要考虑到场地与核心结构的关系，使建筑空间布局与核心结构相适应。

⑵ 选取功能、体量与形态相适应的建筑单体。在前面介绍了相当多的建筑单体要素，它们是快速设计的基本要素，但使用时要灵活多变，不可一味照搬照套。针对不同的基地地块，在明确建筑功能后，根据场地条件进行适当的变形和组合。

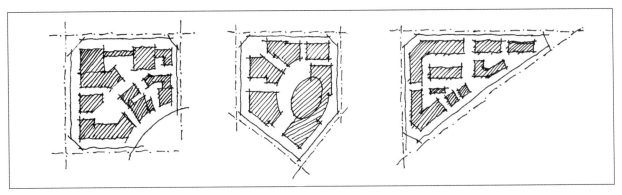

图 4-2-1 基地地形限制影响建筑布局

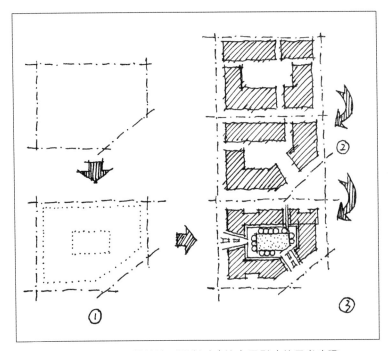

图 4-2-2 基地地形限制对建筑布局影响的思考步骤

⑶ 调整界面与节奏。单单将建筑布置在场地中是不够的，要考虑其界面与地块整体的连续性，同时建筑空间的节奏感保持也是非常重要的一点。

中观尺度下的基地地形限制考验的是城市规划从业者对建筑布局方法的掌握和积累程度，布局是否合理可以通过使用条件和限制来判断，但布局的美感和节奏感则仰仗个人的功底。大量的观摩和学习是这部分快速设计的必经之路，动手前必须做到胸有成竹。

4.2.2 指标规范限制

在面对不同的基地地形限制时需要考虑不同的建筑布局对策，而在面对同一地形，尤其是地形限制较少的规整地形，如近矩形地块时，建筑布局的形式可以更加灵活多样。此时在选择建筑布局时，需要着重考虑指标规范的限制。影响建筑布局的常见指标有：容积率、建筑密度、绿地率、建筑高度与日照间距。

对于这些指标，我们必须通过大量的训练积累来使自己心中有大致的布局判断，当设计要求告知设计高容积率（2.0～3.0）住宅时，要能根据基地面积推断需要布置大体多少栋高层建筑、多少中层建筑；当题目告知建筑密度 30%、绿地率 20% 时，要能大致估算建筑绿地的基底关系等。熟练掌握不同指标下的基本布局关系，是中观尺度下建筑布局选择的首要条件。

下面我们以居住组团和商业组团为例，介绍在指标规范限制下的建筑布局选择问题。

4.2.2.1 居住组团

居住组团常见的建筑要素有低层、多层、中高层、点式高层、板式高层等，常见的组合形式有行列式、围合式等（详情参考第 2 章）。指标规范限制对建筑布局的影响很大，直接左右着我们对组团建筑要素和组合形式的选择。假定指标限制为容积率2.0、绿地率27%、日照间距1.1，我们可能有以下四种布局（图4-2-3）。

在这四种建筑布局中，我们需要结合组团在更大区域内的条件予以选择。若居住区北部较为空旷或有较宽的主干道，日照限制较小，则我们可以选择 a 布局；若日照条件有限，建筑布局需要规整划一，则可以选择 b 布局；若在居住区周边存在城市轴线或视廊，且轴线从居住区中间穿过，则可以采取 c 布局，以高层强调轴线空间；若城市轴线处于居住区一侧，则可以采用 d 布局，将高层布置于一侧，形成城市景观界面。

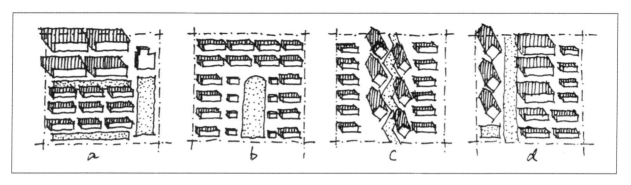

图 4-2-3 相同指标规范限制下的不同居住组团

4.2.2.2 商业组团

若商业组团的建筑密度较高，容积率也较高，在商业体量相近的情况下，建筑高度是重要的考量条件。商业组团常常作为核心空间出现在设计布局中，因此地标性的高层建筑是较为常用的核心空间塑造手法。在建筑高度控制较弱，允许高层甚至超高层的建筑存在时，可能有以下三种布局（图4-2-4）。

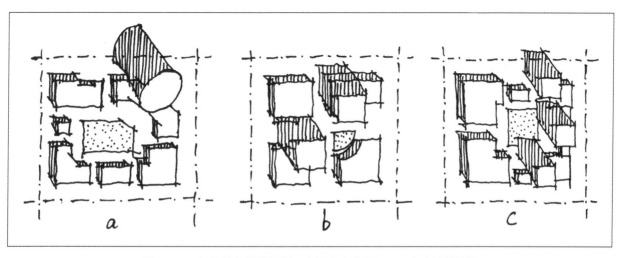

图 4-2-4 相同指标规范限制下的不同商业组团——高度控制较弱

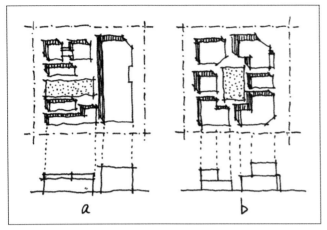

图 4-2-5 相同指标规范限制下的不同商业组团——高度控制较强

这三种商业建筑布局中高层建筑作为空间的引导主体，但在布局选择时，仍然存在很大区别。a 布局的单塔更有焦点性，适用于在区域地标、重要核心空间的塑造；b 布局的双塔更强调地块的内部均衡性，双塔高度有阶差时更容易形成多层次的商业空间；c 布局的多塔常用于塑造城市界面，对外部的积极空间效应更加明显。

商业组团也会存在有限制建筑高度的情况。通常在风貌协调区、实行建筑高度控制区等区域中，商业组团不能通过高层建筑引导来组织。在建筑高度控制较强时，可能有以下两种布局（图 4-2-5）。

a 布局以一大体量建筑为主，引导建筑布局，b 布局则是以相对均衡体量的建筑共同布局。a 布局由于大体量建筑的所占空间比例较大，在高度空间不宜做出过多的变化，适合在建筑高度需要保持一致的区域使用；b 布局由于体量均衡，在高度空间操作余地较大，可以在一定限度内做出层次丰富的商业空间，适合在更加灵活的区域使用。

从以上不难看出，指标规范限制对于建筑布局有一定的影响，但这种影响带来的快速设计问题并不是单一解。在一定的指标规范限制下，符合要求的建筑布局有多种，我们在选择布局时，要从更大的区域和视角来审视，考虑更大结构下哪一种布局更能与区域贴合，使整体方案变得顺畅自然。

综上，中观尺度下的快速设计实际上是对方案的深化过程。在这个过程中，我们将前文的各个要素组织起来，考虑组团间的衔接和组团内部的关系。组团建筑布局的条理性与逻辑性是建立在宏观尺度搭建的核心结构下的，因此在中观尺度下考虑问题千万不能闭门造车，要适时地跳出框架，审查组团与结构间的关系。

4.3 微观尺度下的快速设计

微观尺度下的快速设计主要针对方案的细节处理，例如地块的出入口设置、人流集散的处理、建筑风格风貌等。在这一层次，指标规范限制和地域风貌限制是最主要的限制条件。

4.3.1 指标规范限制

在微观尺度下的快速设计，要着重注意常用规范。最常见的规范有出入口设置、道路宽度与长度、停车场设置等。

出入口设置规范，例如：

通路出口距城市干道交叉路口红线转弯起点处不应小于 70 m。

大中型商店建筑应有不少于两个面的出入口与城市道路相邻接，或基地应有不小于 1/4 的周边总长度和建筑物不少于两个出入口与一边城市道路相邻接。

商业步行区的紧急安全疏散出口间隔距离不得大于 160 m。

一、二级汽车站进站口、出站口应分别独立设置，三、四级站宜分别设置；汽车进站口、出站口宽度均不应小于 4 m。

站前广场应与城市交通干道相连。

小区内主要道路至少应有两个出入口；居住区内主要道路至少应有两个方向与外围道路相连；机动车道对外出入口间距不应小于 150 m。沿街建筑物长度超过 150 m 时，应设不小于 4 m×4 m 的消防车通道。人行出口间距不宜超过 80 m，当建筑物长度超过 80 m 时，应在底层加设人行通道。

停车场的出入口不宜设在主干路上，可设在次干路或支路上并远离交叉口；不得设在人行横道、公共交通停靠站以及桥隧引道处。出入口的缘石转弯曲线切点距铁路道口的最外侧钢轨外缘应大于或等于 30 m。距人行天桥应大于或等于 50 m。

（1）道路宽度与长度规范，例如：

商业步行区的道路应满足送货车、清扫车和消防车通行的要求，道路的宽度可采用 10 ～ 15 m，其间可配置小型广场。

居住区内道路可分为：居住区道路、小区路、组团路和宅间小路四级。其道路宽窄，应符合下列规定：居住区道路，红线宽度不宜小于 20 m；小区路，路面宽 6~9 m，建筑控制线之间的宽度，需敷设供热管线的不宜小于 14 m，而无供热管线的不宜小于 10 m；组团路，路面宽 3~5 m；建筑控制线之间的宽度，需敷设供热管线的不宜小于 10 m，而无供热管线的不宜小于 8 m；宅间小路，路面宽度不宜小于 2.5 m。

居住区内尽端式道路的长度不宜大于 120 m，并应在尽端设不小于 12 m×12 m 的回车场地。

（2）停车场设置规范，例如：

在大型公共建筑、重要机关单位门前以及公共汽车首末站等处均应布置适当容量的停车场。大型建筑物的停车场应与建筑物位于主干路的同侧。人流、车流量大的公共活动广场、集散广场宜按分区就近原则，适当分散安排停车场。对于商业文化街和商业步行街，可适当集中安排停车场。

对于医院、疗养院、学校、公共图书馆与居住区，为保持环境宁静，减少交通噪声或废气污染的影响，应使停车场与这类建筑物之间保持一定距离。

上述规范，只是简要的列举。我们应在工作学习中尽量多地熟悉相关规范，从而完善、修正快速设计中的细节，改进快速设计的可实施性。

4.3.2 地域风貌限制

在快速设计中,地域风貌是常常出现的一个限制条件,它对建筑空间的体量、肌理、风格都有较大的约束。保持和遵守地域风貌, 既是对方案整体的统一性要求, 也是对文化传承和保留的情理性要求。在第 3 章中,我们已经介绍了在体量关系上如何保持必要的协调。这里, 我们进一步推荐大家熟悉、掌握常见的建筑顶视图风格表达。我们需要掌握常见的肌理与建筑风格,如现代城市肌理、古镇水乡肌理、村庄院落肌理等,以便于在地域要求严格的区域实现合理的协调统一 (图 4-3-1)。

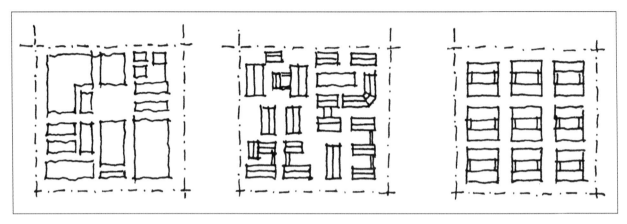

图 4-3-1 常见肌理与建筑风格

综上所述, 微观尺度下的快速设计实质是对空间方案出入口、环境细节、建筑风格等的进一步修正,从而让快速设计的合理性得到提升。但是, 微观尺度下的设计训练更是需要长期的积累和对细节的把控能力。建议读者通过前述"宏观—中观—微观"的系列思考, 结合本书后面的实例, 在练习过程中逐步提高。

第 5 章　快速设计表现手法

　　手绘表现是进行快速设计需要掌握的重要技能之一，也是快速设计方案呈现的最后一步。按照表现技法的不同可分为三种：墨线表现、马克笔表现、淡彩表现。

　　墨线表现经常使用的绘图工具有：针管笔、美工笔、钢笔等，它们的特点是易于使用、方便快捷，可以依靠不同粗细线条的类型配合使用，适用于快速设计的方案、构思、推敲、细化的各个阶段，快速表达设计意图。由于墨线笔线条不易更改，初学者可以提前打好铅笔草稿，再上钢笔墨线。其表现的图面效果要求是：线条清晰流畅、线条交界处交叉接头等，下笔肯定而不拖泥带水。为了呈现更好的图面效果，平时需要加强墨线线条的练习，从简单的水平、垂直和各个方向倾斜的平行线条开始锻炼对于线条的控制力；接下来可以练习不同的三维几何形体，增强空间表达能力；最后再练习较为复杂的墨线表现图。

　　马克笔分油性和水性。水性马克笔笔触清晰，色彩固性好，不易变色，但笔触交界处痕迹明显，不能多次覆盖；油性马克笔笔触交界处过渡自然，多次覆盖也不会弄脏画面，初学者易于把控。笔触变化丰富是马克笔的一大特点。马克笔又分单头、双头两种。单头马克笔笔尖扁宽，和双头马克笔的宽头笔尖相同，可以变换角度使用，呈现出不同的线宽；双头马克笔的另一头笔尖窄细，适用于细部刻画。马克笔表现时需要注意以下几点：上色顺序先浅后深，进而形成具有丰富层次感的画面效果；下笔和收笔时力度适当，注意笔触和速度；线条排列干净整齐，注意韵律和节奏变化，切忌反复涂抹；适时变化运笔方向，形成丰富的笔触。因为不同纸质上呈现出的马克笔效果不同，所以平时要反复实验和尝试，选择自己可以控制的笔触和色彩搭配，将其性能了然于胸。

　　淡彩表现一般分为彩铅和水彩两类。彩铅表现效果清丽、柔和、细腻，能够很好地表现出快速设计的色彩效果和质感，弥补马克笔色系的不足。但由于笔触较小，不适合大面积快速表现，常辅助其他表现方式使用。水彩表现效果更加淡雅、柔和，在快速设计中适合大面积渲染，但是基本功要求更高，不易把控。渲染时颜色浓度要适当，尽量避免反复调和颜色使画面变脏。除此之外，使用时要注意色彩对比和搭配，利用颜色的明暗变化把交接处表达清楚。

　　实际快速设计中，应结合时间、工具等条件，适当选择表现技法，从而达到突出效果、明确设计意图的目标。具体在不同设计阶段的手绘表现技法使用，下面将进一步结合实例讲述。

5.1 墨线表现

5.1.1 墨线平面表现

5.1.1.1 总体构思阶段

图 5-1-1 为天津大学城市空间与城市设计研究所绘。在土地利用划分阶段使用墨线表现，通常通过字母来表示用地性质或者使用不同纹理线条来区分地块，这种表现方式便捷快速，但出现较多类型划分时，不易识别。

图 5-1-1 总体构思阶段墨线平面表现图（一）（1：10000）

图 5-1-2 为天津大学城市空间与城市设计研究所绘。在空间构成的思考上，使用填充纹理块表示空间节点，不同粗细箭头表示人流或开敞空间的联系，有效地发挥了墨线表现的长处。

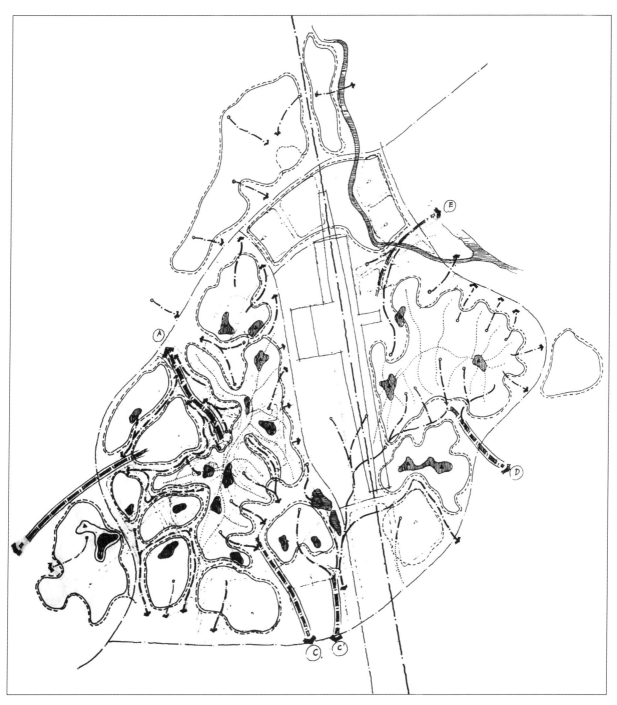

图 5-1-2 总体构思阶段墨线平面表现图（二）（1∶10000）

5.1.1.2 方案推敲阶段

图 5-1-3 为天津大学城市空间与城市设计研究所绘。使用简洁的线条，展示推敲过程中方案的建筑和其他必需元素的尺度、位置和组合的关系，记录了初期思路，为进一步细化方案做好了铺垫。

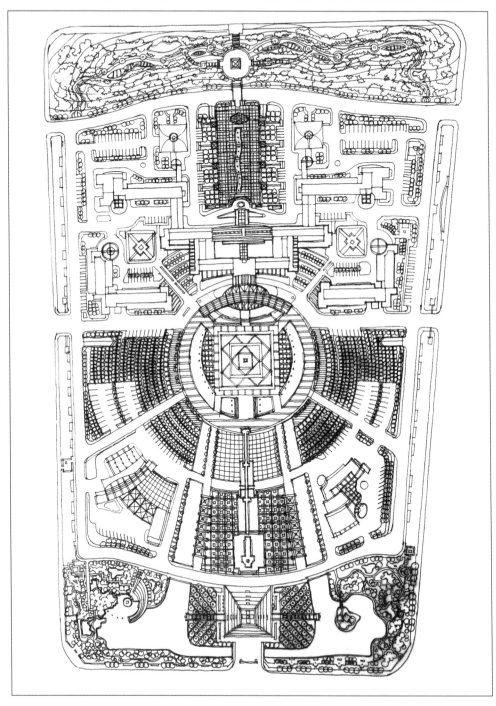

图 5-1-3 方案推敲阶段墨线平面表现图（一）（1：2000）

图 5-1-4 为陈天绘。通过墨线表现推敲、组织交通系统和基本建筑体量、布局及密度等。从图中可以清楚地看到作者思考的过程，这就是墨线表现在方案推敲阶段的典型代表。

图 5-1-4 方案推敲阶段墨线平面表现图（二）（1：3000）

5.1.1.3 成图表现阶段

图 5-1-5 为陈天绘。成图表现阶段，墨线通常只是进一步色彩表现的底稿。但是，因为此阶段已有成熟、完善的交通组织、绿地系统和建筑空间布局，所以墨线下笔应肯定，线条应流畅，尺度间距等把握更要准确。

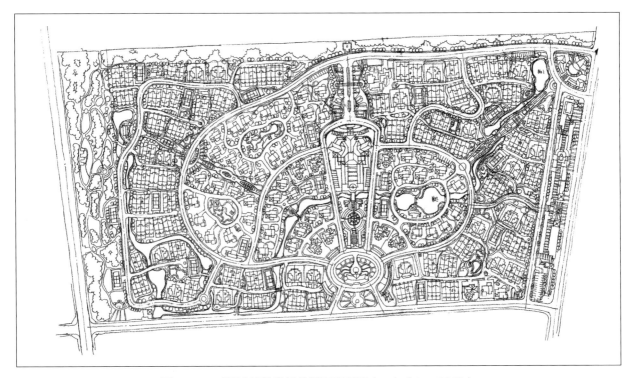

图 5-1-5 成图表现阶段墨线平面表现图（一）（1：3000）

图 5-1-6 为陈天绘。比较方案推敲阶段的墨线平面表现，对于细节的详细刻画和思考更加成熟。当然，也要注意，如果是进一步上色的成图表现，墨线量应更多，但要保持必要的留白。

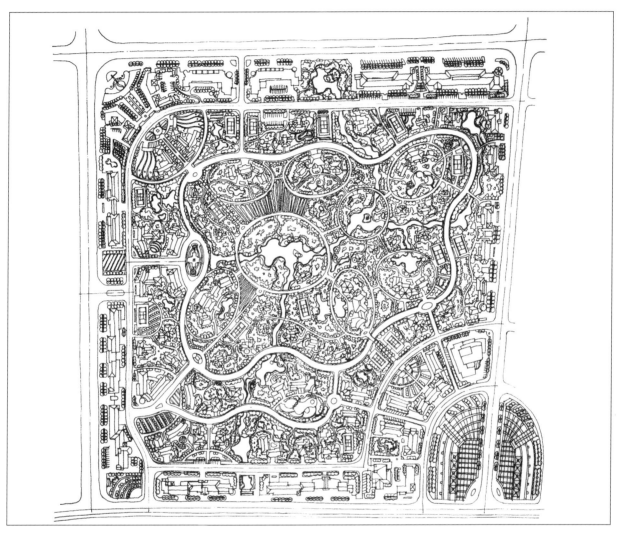

图 5-1-6 成图表现阶段墨线平面表现图（二）（1：3000）

5.1.1.4 局部细化阶段

图 5-1-7 为张赫绘。局部细化阶段的墨线平面表现图详细到景观树的种类区分和铺装的纹理方向，有时还会刻画出尺度准确的景观小品。

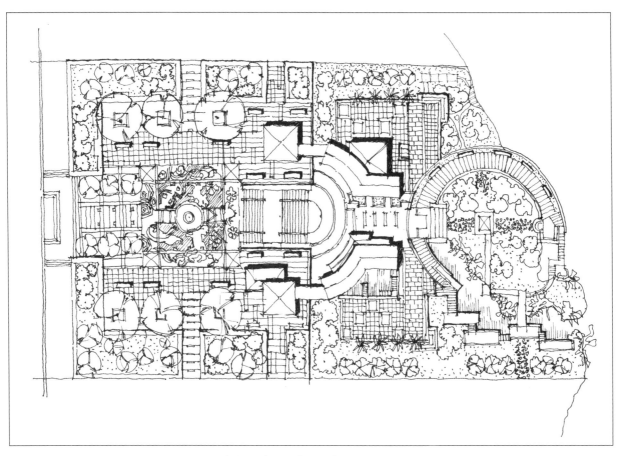

图 5-1-7 局部细化阶段墨线平面表现图（一）（1：500）

图 5-1-8 为张赫绘。通过不同的纹理填充表达地形材质和高差变化，树种、铺装等景观表现手法，需要在平时不断积累和练习。

图 5-1-8 局部细化阶段墨线平面表现图（二）（1∶500）

5.1.2 墨线透视表现

5.1.2.1 方案推敲阶段

图 5-1-9 为高婉丽绘。方案推敲阶段的墨线透视表现图或鸟瞰表现图墨线线条自由，重在表现整体空间格局和与地形地貌的关系，而建筑风格和尺度只需一个大体轮廓。

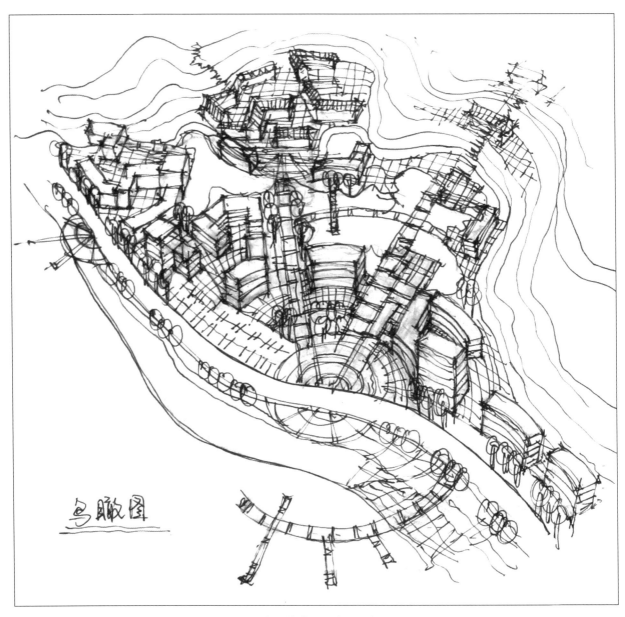

图 5-1-9　方案推敲阶段墨线透视表现图（一）

图 5-1-10 为高婉丽绘。当地形较平坦时，重在表现景观和建筑空间布局，以及建筑风格和高度的协调关系。

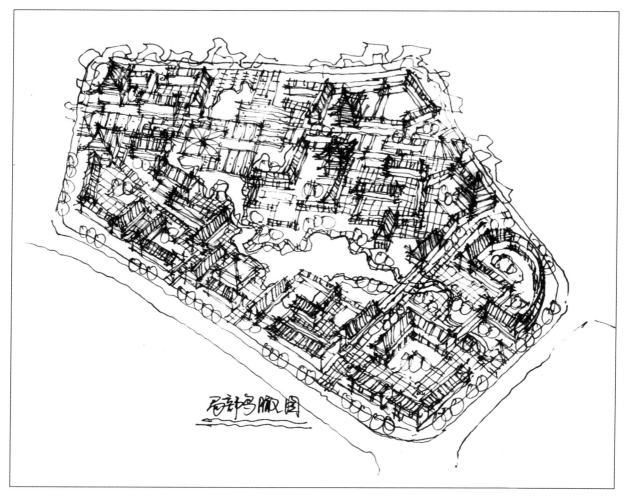

图 5-1-10 方案推敲阶段墨线透视表现图（二）

5.1.2.2 成图表现阶段

图 5-1-11 为陈天绘。成图表现阶段的效果图，要明确区分近、中、远景，并表现出细节上的差异。例如：近景部分可以观测到建筑的具体形体、层高和立面变化，而远景部分只有体块关系。此外，建筑尺度、景观细节等表现应准确、肯定。

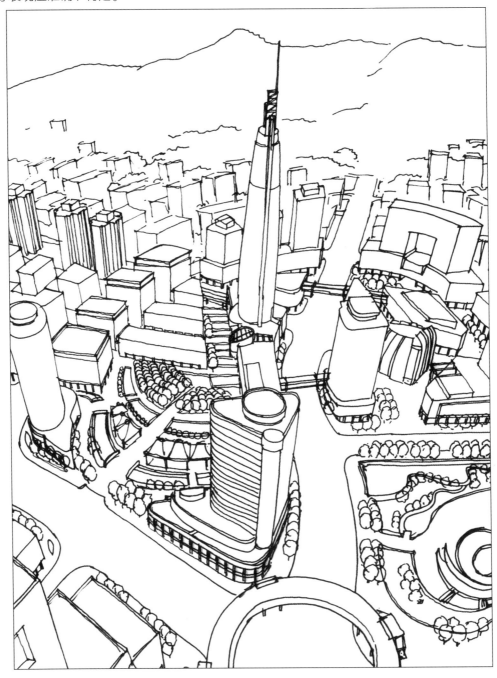

图 5-1-11 成图表现阶段墨线透视表现图

5.1.2.3 局部细化阶段

图 5-1-12 为赵博阳绘。局部细化阶段的透视图重在辅助方案三维空间推敲,因此,对于建筑屋顶、材质、窗户、女儿墙和楼梯间等细节均有具体刻画,建筑明暗变化、阴影等也应有清楚表现。

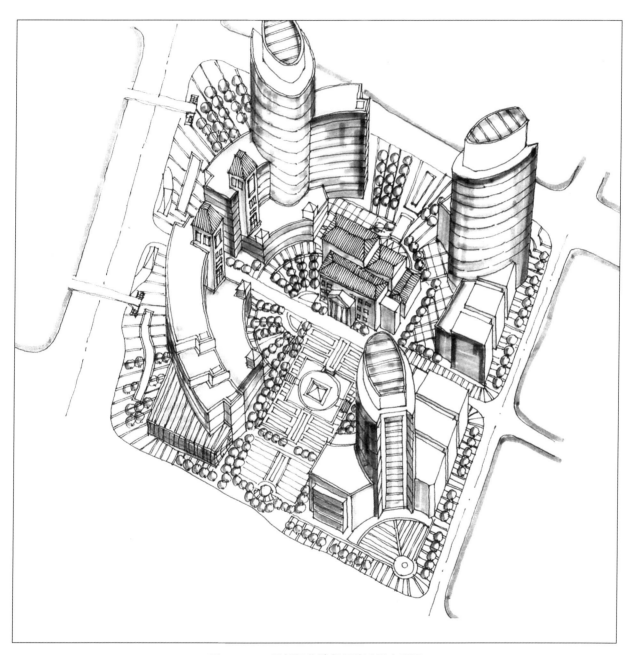

图 5-1-12 局部细化阶段墨线透视表现图

5.2 马克笔表现

5.2.1 马克笔平面表现

5.2.1.1 总体构思阶段

图 5-2-1 为天津大学城市空间与城市设计研究所绘。马克笔表现在建设用地选址、适宜性划分阶段，可以充分展现其快速色彩表达准确的优势。通常以不同色块表示地块形态和用地性质的差异，这种表现方式相较于墨线和淡彩更加直观、便捷。

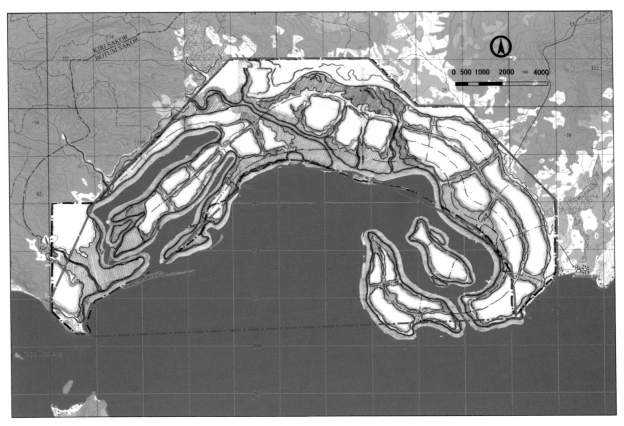

图 5-2-1 总体构思阶段马克笔平面表现——用地划分（1：100000）

图 5-2-2 为赵庆楠绘。马克笔在核心结构搭建阶段,除了可以通过不同色块表示用地主体功能外,还可通过不同类型的线条和符号表示空间结构关系,如轴线、节点和景观界面等。

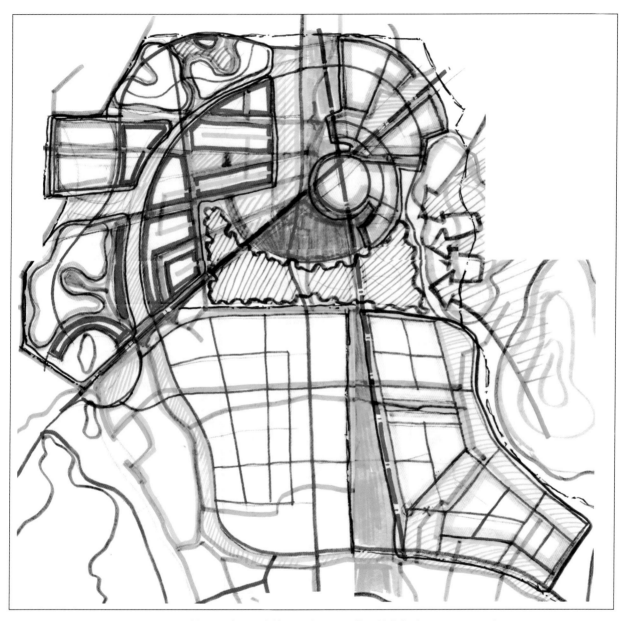

图 5-2-2 总体构思阶段马克笔平面表现——核心结构搭建（1：10000）

图 5-2-3 为王睿绘。在组团结构建立阶段，马克笔可通过不同色块确定建筑组团的基本业态和平面布局关系，合理组织水系、绿地系统等，并通过简易道路表达，建立各个建筑组团和景观节点的联系。

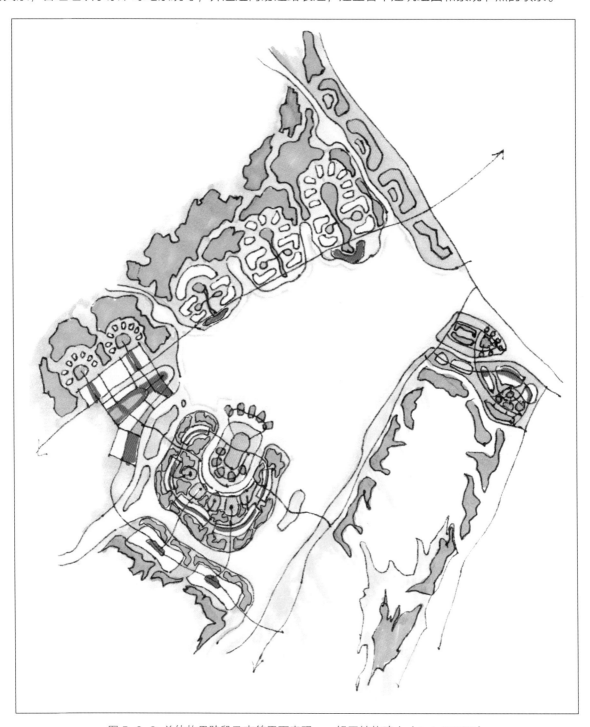

图 5-2-3　总体构思阶段马克笔平面表现——组团结构建立（1：20000）

图 5-2-4 为王睿绘。在此阶段道路系统和绿地系统均已大致确定，马克笔宽头直绘建筑单体的表现形式，便于快速推敲平面形态、体量变化和空间布局，且尺度相对准确，但限于马克笔笔头的大小，其绘制比例尺度应在一定范围内。

图 5-2-4 总体构思阶段马克笔平面表现——建筑组合（1 ： 5000）

5.2.1.2 方案推敲阶段

图 5-2-5 为朱妙等绘。用传统红 - 绿色系表现建筑平面和绿地基底，适当地添加阴影，突出建筑高度，使其浮于绿化基底之上，便于方案设计时在合理尺度上进行高度、密度等推敲。

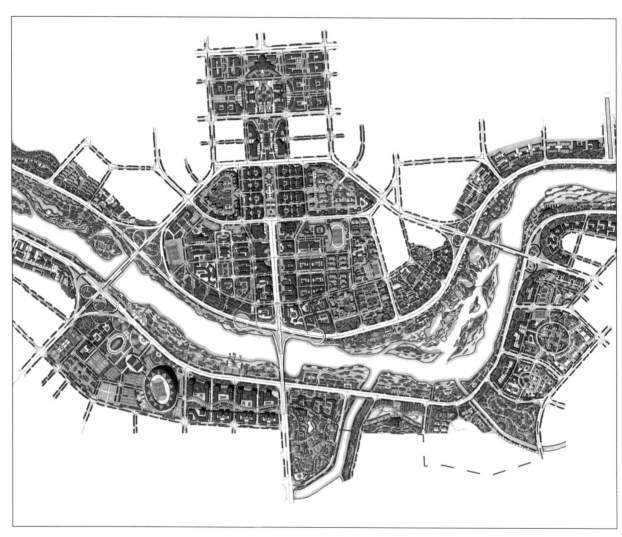

图 5-2-5 方案推敲阶段马克笔平面表现图（一）（1：5000）

　　图 5-2-6 为张舒等绘。与图 5-2-5 为同一方案的不同局部，通过较醒目的淡亮色系马克笔表现的特殊节点、景观带，还可以明显区分居住建筑和公共建筑，从而针对不同功能要求，进一步推敲建筑空间方案。

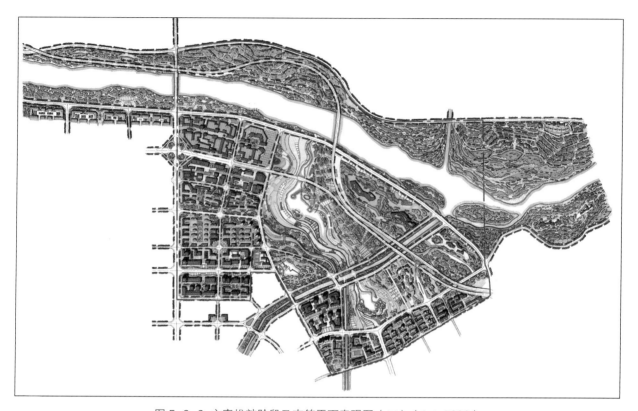

图 5-2-6　方案推敲阶段马克笔平面表现图（二）（1∶5000）

　　图 5-2-7 为天津大学城市空间与城市设计研究所绘。马克笔表现的基础色系搭配较多，这幅图与前面两幅明显不同。但相同的原则是，不宜大面积使用过于明亮的颜色，应注意色彩的"黑、白、灰"关系。

图 5-2-7　方案推敲阶段马克笔平面表现图（三）（1：3000）

5.2.1.3 成图表现阶段

图 5-2-8 为徐萌绘。在成图表现阶段，马克笔对建筑屋顶、铺装、景观等进行详细刻画，并通过较准确的阴影长度表示建筑的不同高度。一般在上色前通过墨线来定稿，不轻易改变方案。

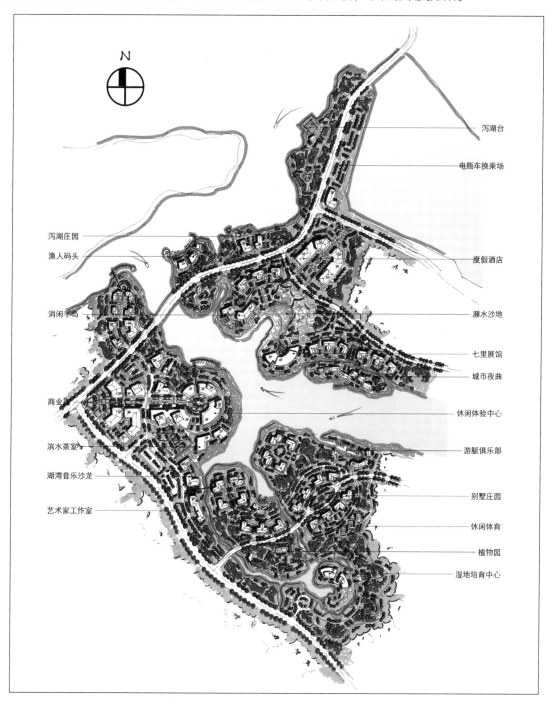

图 5-2-8 成图表现阶段马克笔平面表现图（一）（1：2000）

图 5-2-9 为杨春、尹力、张韵等绘。具体的景观细节刻画和各类元素尺度均已确定，不同功能的建筑相互组合，结合景观节点组成小的空间组团，道路分等级连接各个建筑组团，形成统一的绘图风格。

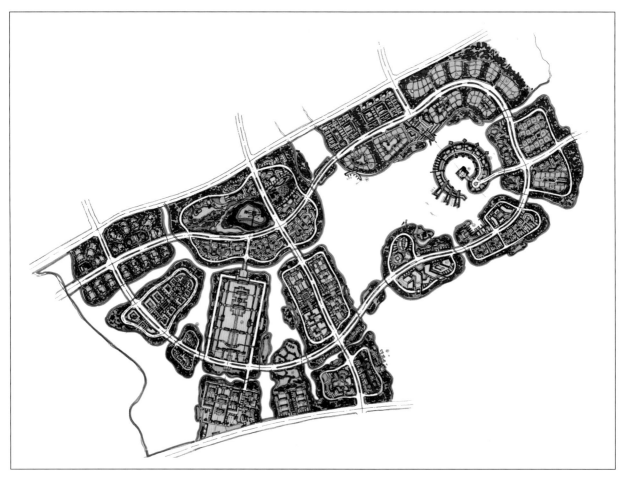

图 5-2-9 成图表现阶段马克笔平面表现图（二）（1：4000）

图 5-2-10 为陈曦绘。当然，建筑的留白处理是这一阶段马克笔表现的通常选择，因为表现的重点，除了空间布局，已到铺装、雕塑等景观细节方面，只有留白才能相互衬托。

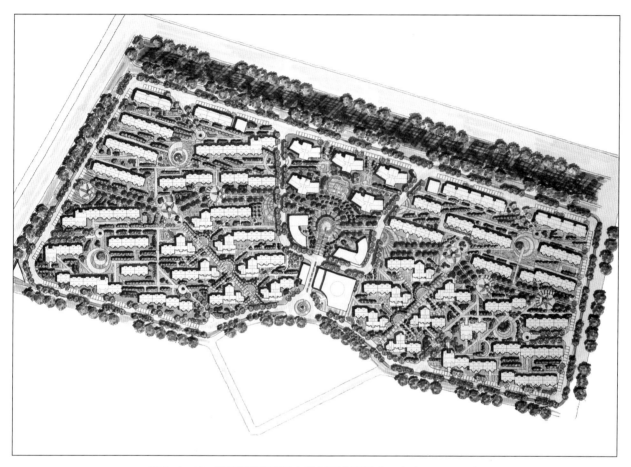

图 5-2-10 成图表现阶段马克笔平面表现图（三）（1 ：1000）

5.2.1.4 局部细化阶段

图 5-2-11 为张媛绘。在容积率等上位规划条件确定的基础上，通过较精准的面积和间距测算，明确各个单体建筑的平面形态尺度和具体高度差异，表现清楚交接关系，是这一阶段马克笔表现的关键。

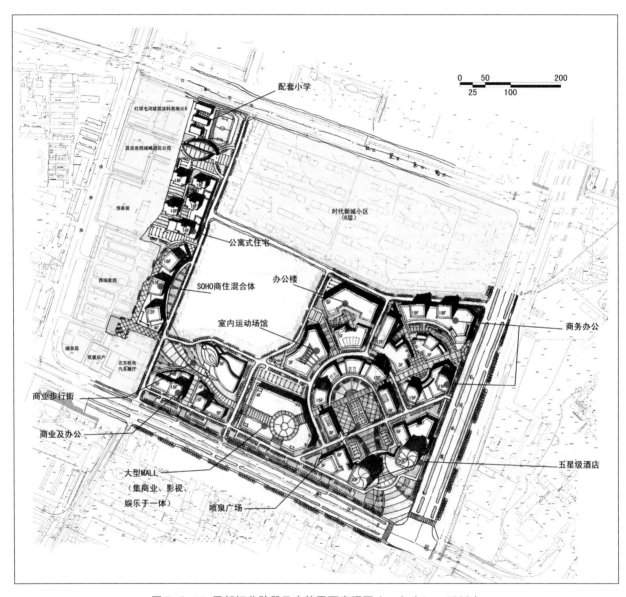

图 5-2-11 局部细化阶段马克笔平面表现图（一）（1 : 1000）

　　图 5-2-12 为天津大学城市空间与城市设计研究所绘。对地形变化较大的地块，除了上述要求，进一步表现方案设计与高程变化的关系，以及建筑准确尺度和景观小品的具体布局，就成为重点。

图 5-2-12　局部细化阶段马克笔平面表现图（二）（1∶1000）

5.2.2 马克笔透视表现

5.2.2.1 宏观尺度效果图

图 5-2-13 为天津大学建筑学院绘。在宏观尺度上，马克笔快速表现的特点在于通过丰富的颜色体现山水关系和建筑元素的坐落布局，并结合其他表现形式，突出图面的空间效果。

图 5-2-13 宏观尺度下马克笔表现效果图

5.2.2.2 中观尺度效果图

图 5-2-14 为白文佳绘。中观尺度上，虽然对于细节的刻画仍然不是那么详尽，但是通过简单的马克笔表现，突出重要景观廊道，明确了建筑与开敞空间的分野。

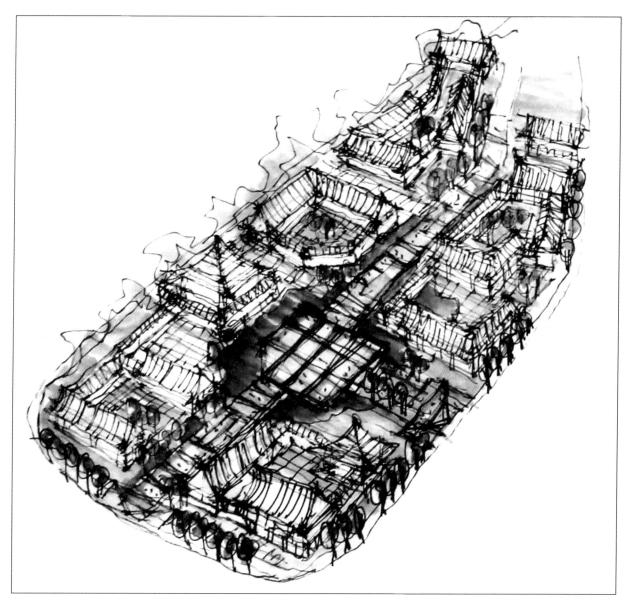

图 5-2-14　中观尺度下马克笔表现效果图（一）

图 5-2-15 为荆蕾绘。当规模较小时，宜使用较简单的色系，较少颜色种类，重在区分建筑、绿化等基本要素。

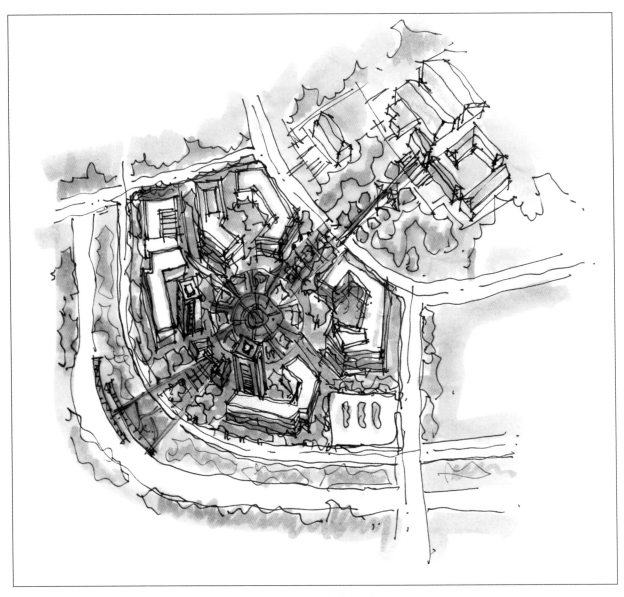

图 5-2-15 中观尺度下马克笔表现效果图（二）

图 5-2-16 为刘旸绘。通过近景马克笔的详细刻画和远景的留白，体现出整体的远近透视关系，突出视线关注重点，在时间紧迫的情况下可以快速展示整体空间效果。

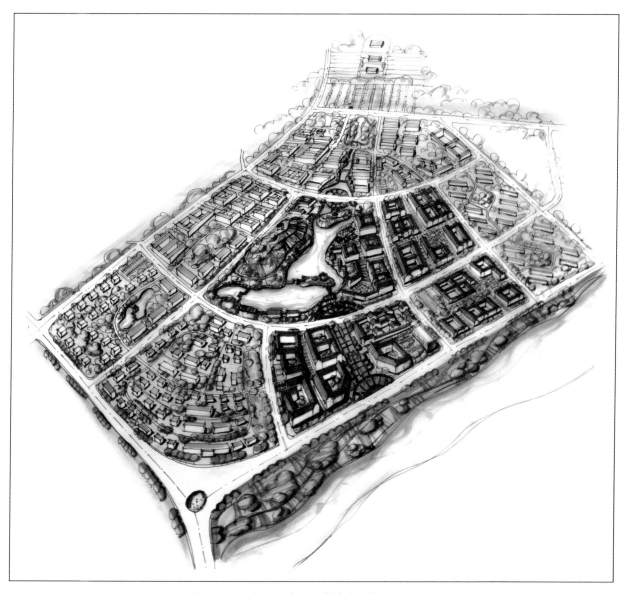

图 5-2-16 中观尺度下马克笔表现效果图（三）

5.2.2.3 微观尺度效果图

图 5-2-17 为席丽莎绘。此图作为局部景观透视，画面上出现的每一株植物和景观小品，均需用马克笔对其进行细节和明暗处理，适当高光留白可以呈现更好的表现效果，因此，颜色的丰富和明亮程度应大幅度提升。

图 5-2-17 微观尺度下马克笔表现效果图（一）

图 5-2-18 为席丽莎绘。同样微观尺度下，该图对于水中的光影变化和对远处的天空，使用马克笔配合了彩铅表现，产生明显对比，也进一步确立了远近透视关系。

图 5-2-18 微观尺度下马克笔表现效果图（二）

5.3 淡彩表现

5.3.1 淡彩平面表现

5.3.1.1 彩铅平面表现

图 5-3-1 为天津大学城市空间与城市设计研究所绘。彩铅颜色淡雅，利于体现大面积草地等景观要素，也能表现出不同于马克笔和水彩的笔触质感。但是，通常绘制时间稍长。

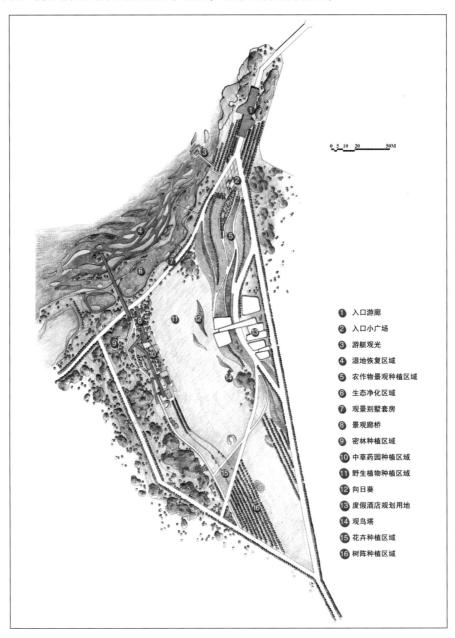

1. 入口游廊
2. 入口小广场
3. 游艇观光
4. 湿地恢复区域
5. 农作物景观种植区域
6. 生态净化区域
7. 观景别墅套房
8. 景观廊桥
9. 密林种植区域
10. 中草药园种植区域
11. 野生植物种植区域
12. 向日葵
13. 度假酒店规划用地
14. 观鸟塔
15. 花卉种植区域
16. 树阵种植区域

图 5-3-1 彩铅平面表现（1：500）

5.3.1.2 水彩平面表现

图 5-3-2 为郭嘉盛绘。水彩适宜于大面积渲染水体、山体、天空等自然淡色背景，在刻画细节时应注意明暗交界处的处理，少量颜色出界时可以通过及时吸附等方式处理，且渲染前通常应有明确的线稿。

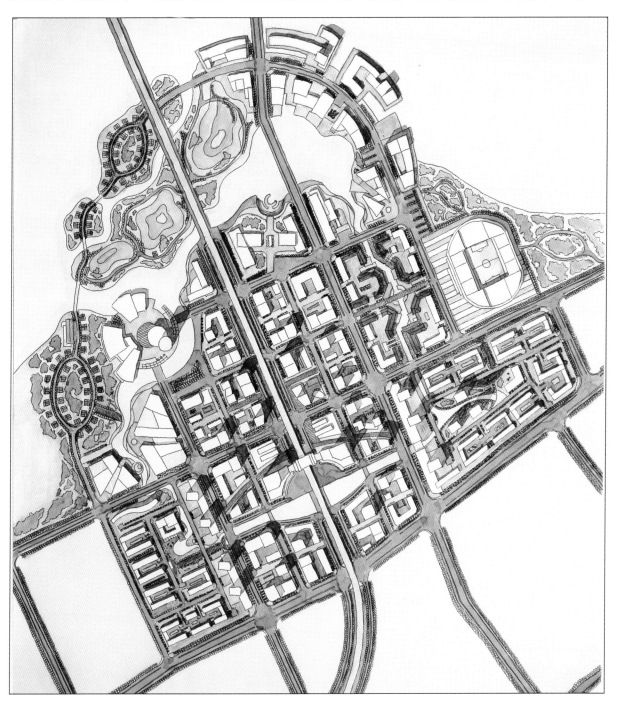

图 5-3-2 水彩平面表现图（一）（1 ： 2000）

　　图 5-3-3 为尹慧君绘。水彩表现，是手绘表现形式中用时最长的，通常应用于最后的成图表现，而不适于方案推敲阶段使用。

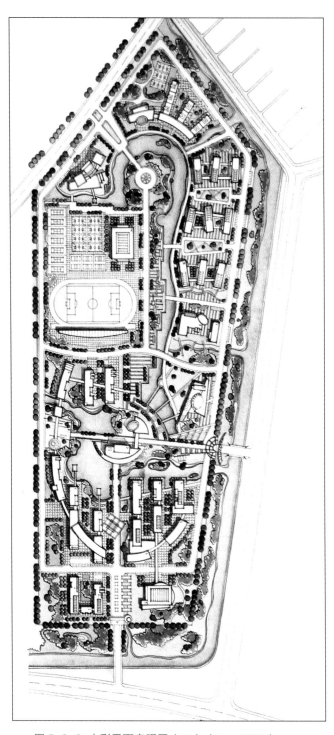

图 5-3-3 水彩平面表现图（二）（1：2000）

5.3.2 淡彩透视表现

5.3.2.1 彩铅透视表现

图 5-3-4 为天津大学建筑设计研究院绘。彩铅描绘单体建筑的效果图，对于建筑材质和明暗变化表现力更强，在商业、文化建筑上有较好的表现效果。在建筑速写时相较于马克笔可以快速表现建筑质感和光影。

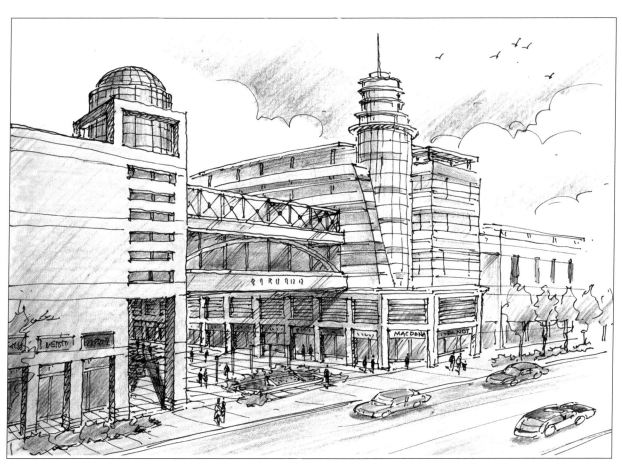

图 5-3-4 彩铅透视图

5.3.2.2 水彩鸟瞰图表现

图 5-3-5 为张瑶、张赫绘。进行大面积山水渲染时，水彩优于马克笔和彩铅等表现手法，更能体现出通透感和远近关系。在基本功熟练的情况下，是大场景表现的首选。

图 5-3-5 水彩鸟瞰图（一）

图 5-3-6 为李荣绘。快速用淡彩渲染底色，进一步渲染刻画建筑立面、屋顶细节，同时注意远近光影变化在效果图中的表现方式。一般水彩渲染，应注意先浅后深、先上后下的工作顺序。

图 5-3-6 水彩鸟瞰图（二）

第6章　综合案例

　　快速设计是城市规划学科的一门基础功课。前述章节按照先易后难的顺序，从快速设计的基本构成逐一进行了讲解。但是，快速设计的掌握是一个长期积累的过程，除了勤于手、勤于脑，多练多思，还须勤于眼，多看多记。在大量的城市规划快速设计的案例中，我们总能发现一些值得借鉴的设计和表达方式。如能将这些优秀案例的优点吸收，加进自己的手法，融会贯通，对日后的快速设计会有所增益。

　　更何况，对于规划设计来说，我们首要解决的问题是方案的合理性，即要首先解决"用"的问题。这一点通过规划专业的教学，大部分读者都能快速分辨方案的合理性。在这之后，我们需要解决的问题是方案的表达，即解决"美"的问题。设计是一门技术，同时也是一门艺术。想要有所提升，我们必先知道什么是"美"。人的意识只能创造出已知的东西，所以"知美"才能"创造美"。倘若一味地闭门造车，沉浸在自己的设计思想中，必定不能认识到更加优秀的作品。只有广泛地吸取他人的想法，阅读他人的设计理念，模仿他人的表现手法，我们才能从原来的圈子里跳脱出来，用更高的眼光去审视原先的设计，并对其加以修改和提升。

　　虽然本书前面已经给出了大量的素材和案例，但是城市规划设计中遇到的问题和设计的表达方式何其多。局部的积累容易管中窥豹。只有综合的案例，才能起到更多的启发和借鉴作用。

　　基于以上原因，本书最后给读者准备了一定量的综合案例，供大家欣赏、参考和学习。既限于篇幅，也不便于揣度每一个作者的设计思维，我们只是简单地介绍了每个案例的特点，希望能以此给各位读者以启发。

　　本书按照制图时长的分类原则，将案例分为三大类，分别是：3小时快速设计案例（4个）、6~8小时快速设计案例（6个）和1日以上快速设计案例（14个）。其中1日以上快速设计案例又细分为土地利用案例（2个）、综合功能区案例（10个）和公园景观案例（2个）。

6.1 3小时快速设计案例

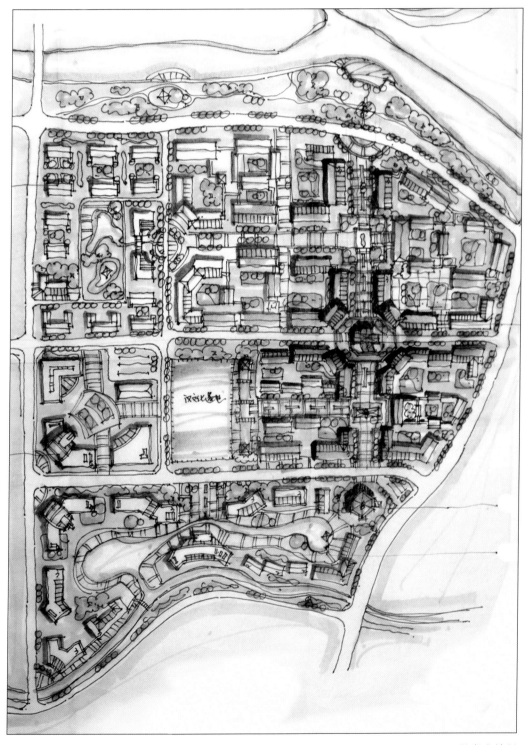

图 6-1-1

某考生绘制

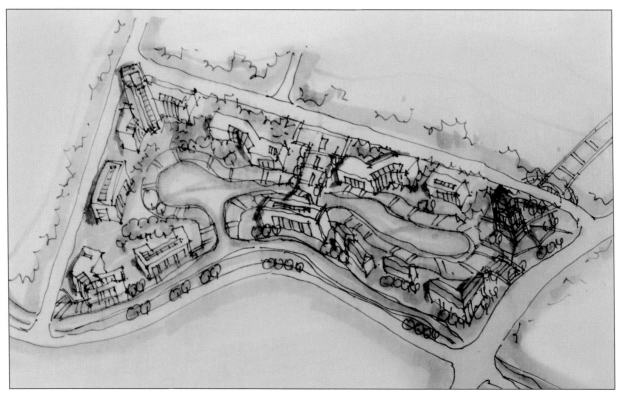

图 6-1-2   某考生绘制

案例评析

　　该方案采用网格轴线结构，通过步行轴线连接不同组团与开敞空间，整体布局严谨，空间层次丰富，通过传统与现代建筑的过渡，对比突出基地，保留的汉文化基地与周围环境空间呼应。东侧的步行街区规划构思精巧，南北延伸至水系开敞空间，成为重要的景观节点。交通上，用架空廊道实现车行与人行的分割，既完善了街区整体风貌，又不影响人车安全通行。

　　方案整体结构突出，线条表现自由，层次较好。鸟瞰图在时间紧张的情况下，也充分表达了意向。

规划总平面图
1:2000

图 6-1-3

某考生绘制

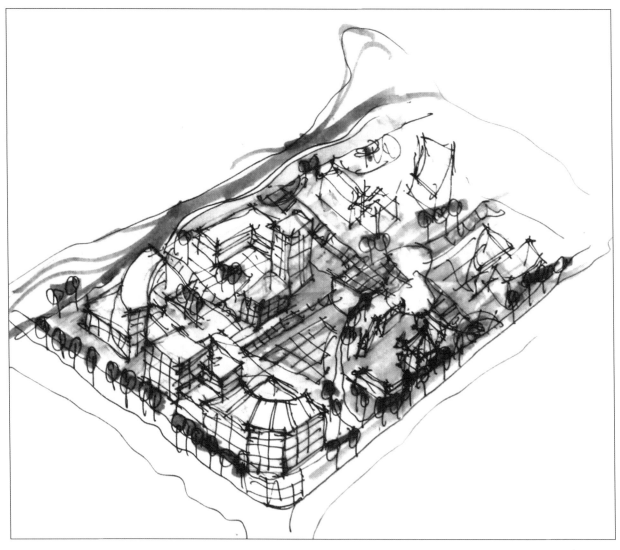

图 6-1-4   某考生绘制

案例评析

　　该方案，空间结构和步行系统规划略显仓促，但建筑群体构思多样，与地块衔接适宜，空间布局疏密得当。通过环绕的自由水系打破了规整空间的呆板，同时实现每个建筑组团的衔接。北部与水系相邻的开敞空间处理则显单调，需要进一步刻画。

　　方案用色协调，用了大面积的硬化和铺装，增强绿化表现可以使方案分区效果更佳。但局部线条略显僵硬。

案例评析

　　在 3 小时的时间限制下，大规模地块更加注重核心结构的整体性，通过绿化和水系塑造线性廊道。路网主次分明，尊重原有地形和路网肌理，道路朝向略有扭转，从而形成不同形状的平面空间，富于变化。重点表现了几个典型的公共空间建筑布局和景观系统，规划手法较为纯熟，使得整个方案结构清晰、组织统一。

　　方案平面图在整体色调下表现较为生动丰富，通过墨线和少量马克笔着色相结合，合理运用显眼的红色突出沿路商业和部分公共建筑，在有限的时间里，实现了主次分明，明确表达了方案设计概念。

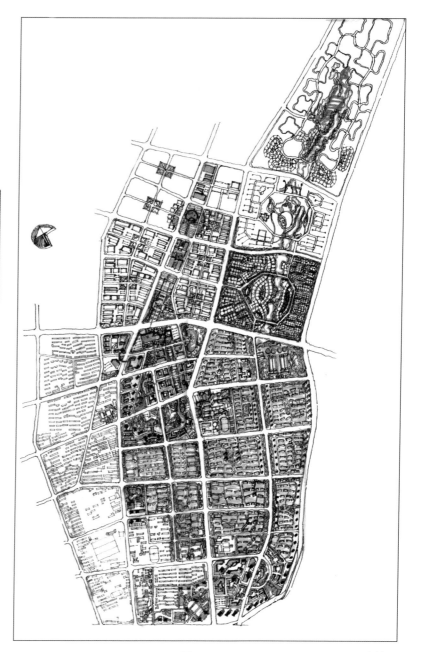

图 6-1-5　　　　　　　　　程功绘制

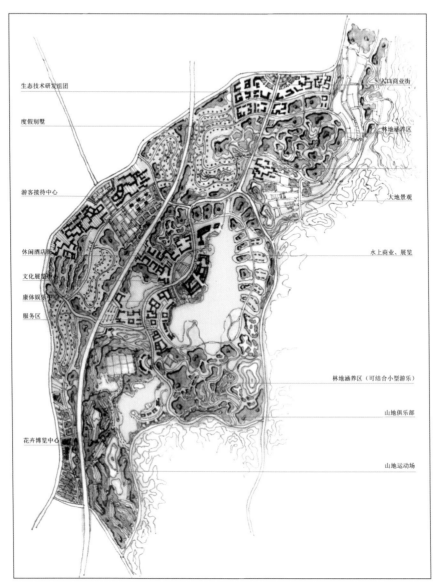

生态技术研发组团

度假别墅

游客接待中心

休闲酒店群

文化展览中心

康体娱乐中心

服务区

花卉博览中心

入口商业街

林地涵养区

大地景观

水上商业、展览

林地涵养区（可结合小型游乐）

山地俱乐部

山地运动场

图 6-1-6   张赫等绘制

案例评析

　　该方案整体布局尊重基地地形和原有地貌，结构合理，空间布局协调统一。交通系统以一条主要的车行道路贯穿地形南北，很好地串联起各个主要功能组团。平面采用大面积的绿化开敞空间，为使用者提供了充足的休闲娱乐场所，形成旅游度假胜地。在方案中运用了大量的曲线元素及植物造景，较富创造力，表现手法娴熟。

　　方案图面表达清晰，表现技法较好，简单的几种马克笔用色就塑造出了丰富的层次，整体画面和谐统一。轴线可以加强表达，体现出轻重对比，突出了图底关系。

6.2 6小时快速设计案例

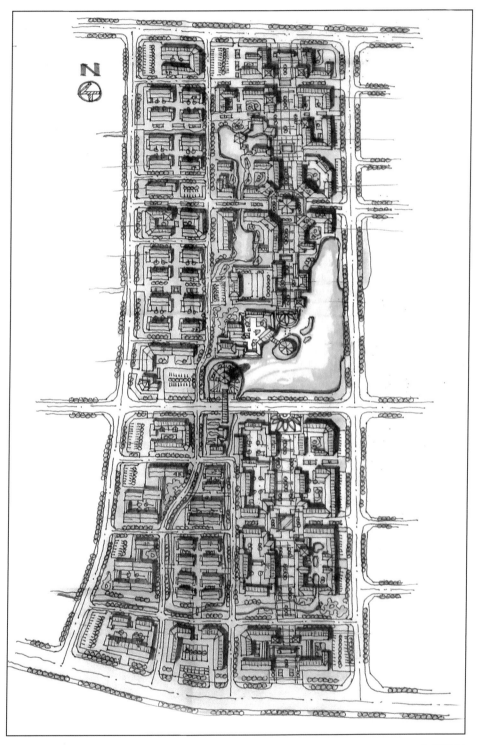

图 6-2-1   高畅绘制

图 6-2-2

高畅绘制

案例评析

　　该方案使用轴线结构统领整体，空间序列规整且富有节奏。建筑肌理与体量得到了很好的保持和延续，建筑风貌统一。水系向地块内渗透，与建筑空间有较好的结合，同时也考虑了对景和轴线关系。但轴线变化较少，略显单调。

　　方案用色清淡，对核心景观的塑造和对鸟瞰的透视表现也较为突出。

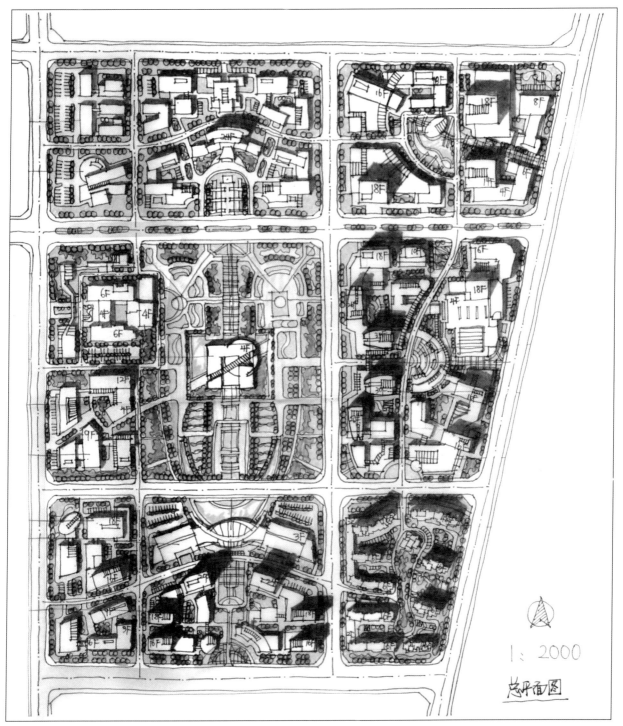

图 6-2-3

赵庆楠绘制

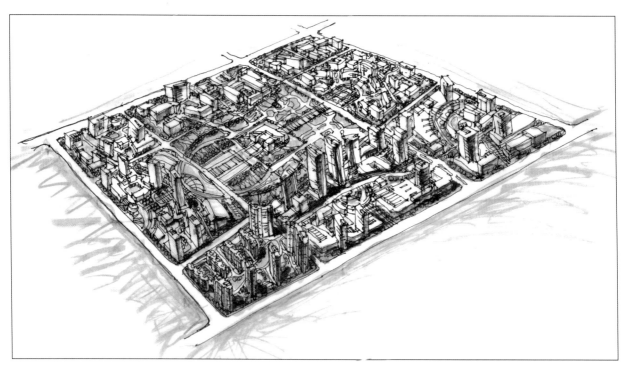

图 6-2-4   赵庆楠绘制

案例评析

　　该方案利用公共中心绿地和建筑平面布局，结合中轴对称手法，营造出一个结构清晰、合理的空间环境。道路系统基于安全和互动性考虑，充分尊重现状和建筑功能使用，在形态上结合建筑平面与步行系统统一布局，打破方格网空间秩序，增强各个功能组团的联系。

　　方案用色清雅，图面干净工整，表达清晰。鸟瞰图视点选择合适，透视关系把握准确，徒手绘图功底较为扎实。

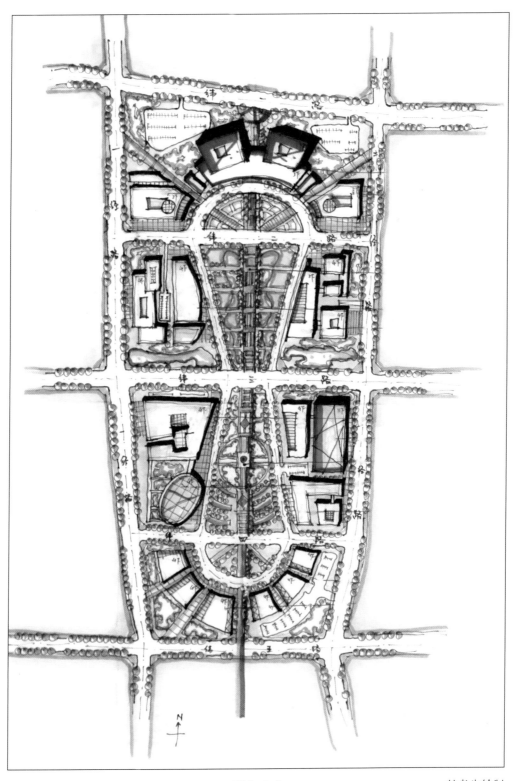

图 6-2-5

某考生绘制

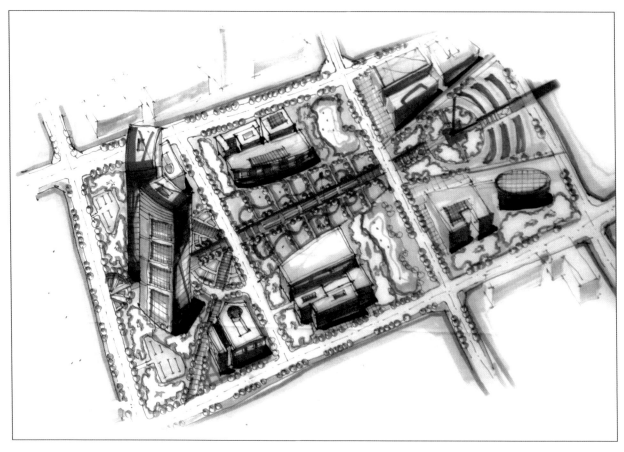

图 6-2-6   某考生绘制

案例评析

　　该方案采用中轴对称结构，建筑围绕中心开敞绿地沿道路围合布局，两端以放射状建筑作为轴线的开端与结尾，整体结构明确。道路系统以内环式与横向平行道路结合布置，采用人车分离的交通组织方式。各个地块相对独立，相互间靠平面形态与景观系统建立联系。

　　方案用色大胆，局部采用少量红色突出主体建筑与景观轴线，不显突兀，处理技法娴熟。鸟瞰图选择视角明确，体量把握准确，建筑细部刻画得细腻、明快。

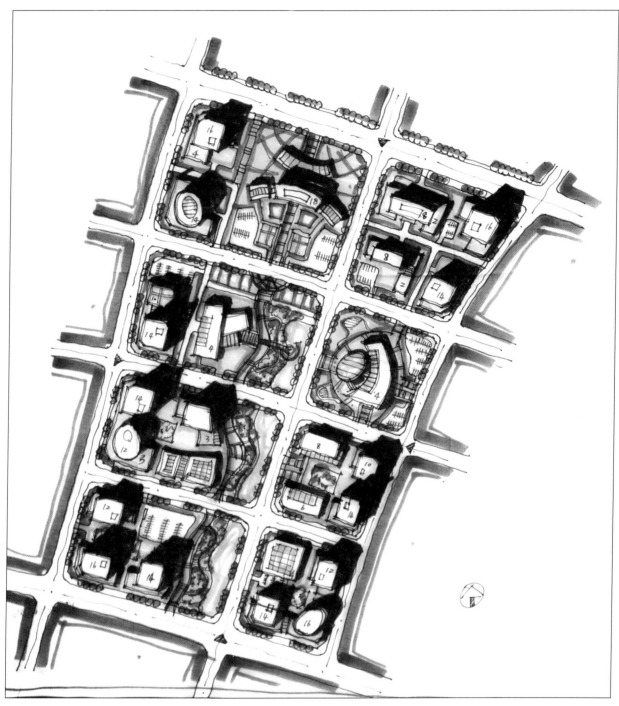

图 6-2-7

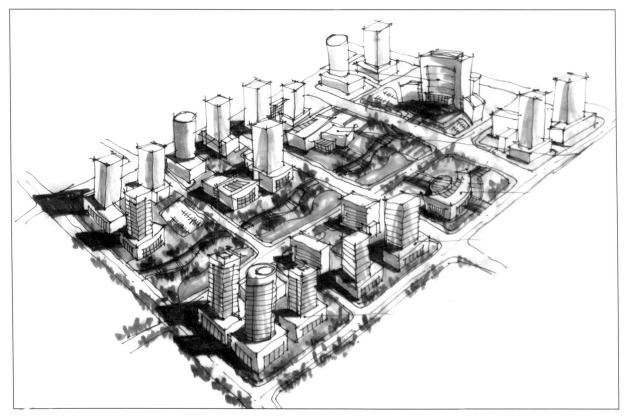

图 6-2-8   某考生绘制

案例评析

　　该方案设计构思精巧，主要步行轴沿线形水系布置，形成开阔视线廊道，两侧建筑空间略显单调，可结合轴线稍作变化，形成更加丰富的滨水空间。网格式道路将基地模块式划分，空间组织紧凑、有序，不足之处是建筑围合感欠佳，群体组织略显散乱。

　　方案整体用色稳重，突出空间层次。鸟瞰图线条流畅，远近透视处理得当，很好地反映了空间的三维关系。

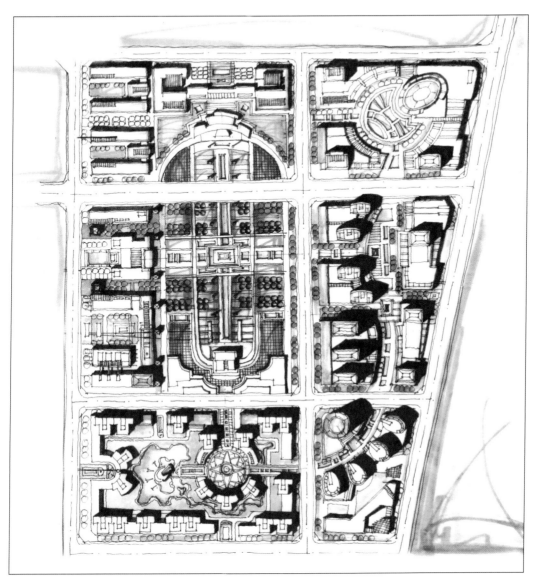

图 6-2-9   郭至一绘制

案例评析

　　该方案结构清晰，功能明确。通过规则式水系与步行系统相结合，串联各个功能组团，把公共建筑和开敞的自由水面作为轴线的起点与终点，形成完整轴线空间。各个组团间联系紧密，廊道与节点对位，组织起疏密有度的空间关系。建筑平面丰富且风格统一，秩序感强，单体间相互呼应，形成完整、统一的体系。

　　方案平面用色大胆，色彩丰富且统一。环境表现细致、富有层次，但整体不够沉稳。徒手绘图能力强，基本功较扎实。

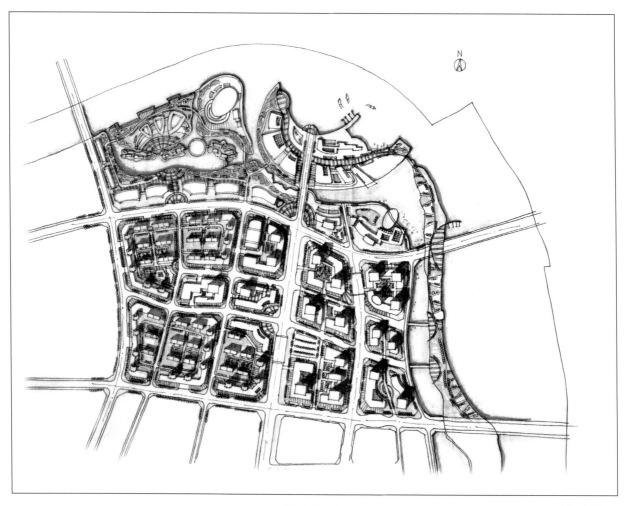

图 6-2-10

刘雪娇绘制

案例评析

  该方案功能布局合理，整体结构明晰，空间表现力丰富。相同功能建筑集中分布，通过不同平面形式与体量加以区分。运用步行轴线实现人车分流，合理组织交通关系。依托河道设计滨水景观，采用极富变化的曲线廊道，提高滨水岸线利用率。内部规整的地块建筑布局与自由的岸线形成鲜明对比，塑造多样的景观节点和城市空间。

  方案用色清、新明快，整体色调偏暖，效果良好，地面硬化稍多。

6.3 1日以上快速设计案例

6.3.1 土地利用类

图6-3-1　　　　　　　　　　　　　　沈尧绘制

案例评析　　　该方案结构紧凑，对建设地块的划分合理、规整，很好地适应了地形对规划地块的限制，避免出现大量难以使用的边角地。功能分区明确，形成了以居住功能为主的带状居住片区和以商业、文体功能为主的核心片区。同时对城市绿廊的梳理也恰到好处，使地块外部的水面和林地景观能够较好地与城市空间发生联系。

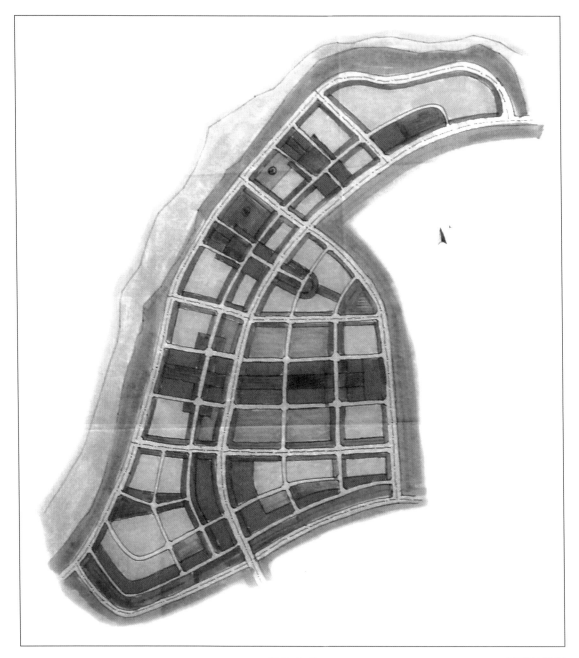

图 6-3-2　　　　　　　　　　　　　　　　王洋迪绘制

案例评析　　该方案交通组织顺畅，道路结构清楚、层级分明，没有多岔交口和锐角转弯。在空间上以商业空间为主要引导，聚集了周边其他要素，形成了多个相对独立且完备的功能组团，空间结构清晰、明了。但方案组团布置较为均质，重点不够突出，且城市界面对于西侧水域的开放度较低。

6.3.2 综合功能区类

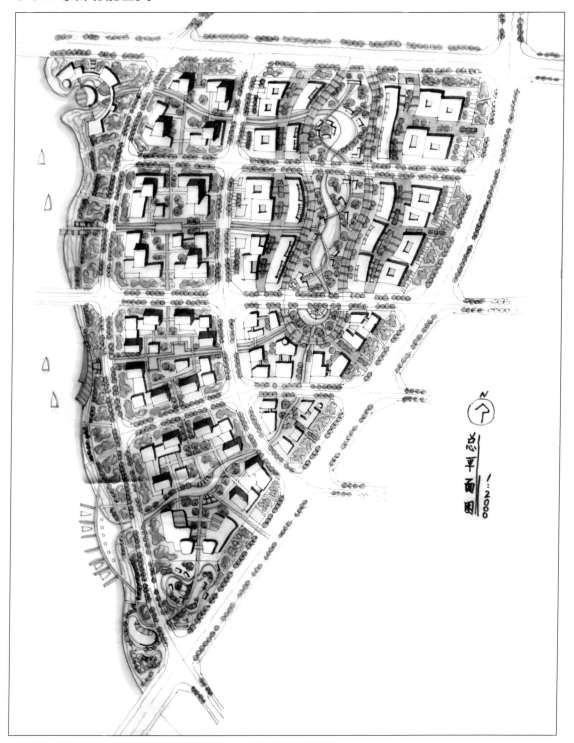

图 6-3-3   李刚绘制

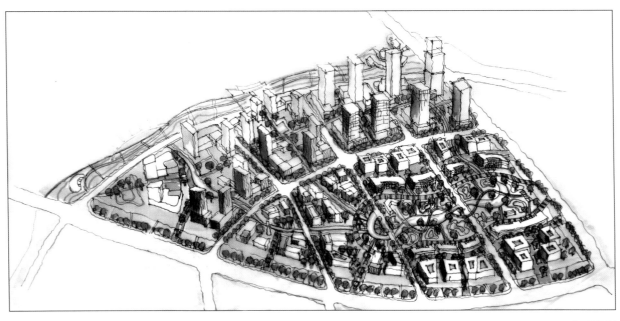

图 6-3-4   李刚绘制

　　该方案选用了圈层式的核心结构，以景观湖为中心，依次向外布置功能组团。各组团之间通过水系或慢行系统联系，组团内部建筑排布合理细致，肌理统一。滨水景观与地块内部水系相连，使得景观系统的整体性得到提升。鸟瞰图对高度空间布置有很好的表现，突出了圈层结构的层次感。

　　方案用色轻快明晰，道路、铺装、绿地均有清晰表达。在核心景观处可以局部使用重色突出重点，使层次更加分明。

图 6-3-5

曹哲静绘制

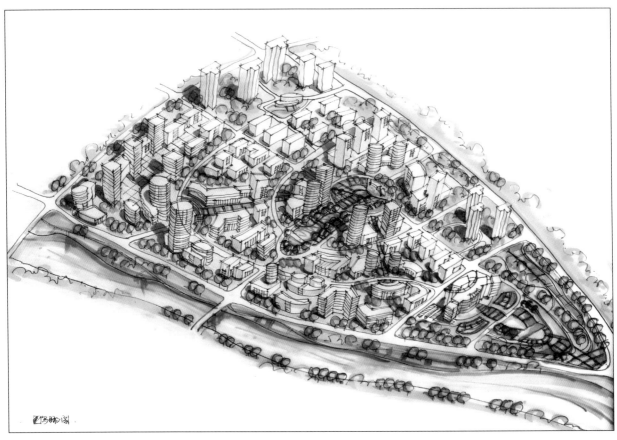

图 6-3-6   曹哲静绘制

<table>
<tr><td rowspan="1">案例评析</td><td>　　该方案以中央广场为核心，通过景观轴线的放射聚集周边空间要素，重点突出，层次清楚。建筑组团内部疏密有致，在高度上与景观轴线相呼应，使方案形成了较强的统一性。
　　方案以较为丰富的色彩表现轴线景观，与建筑形成强烈对比，但铺装和景观表现局部稍显凌乱。</td></tr>
</table>

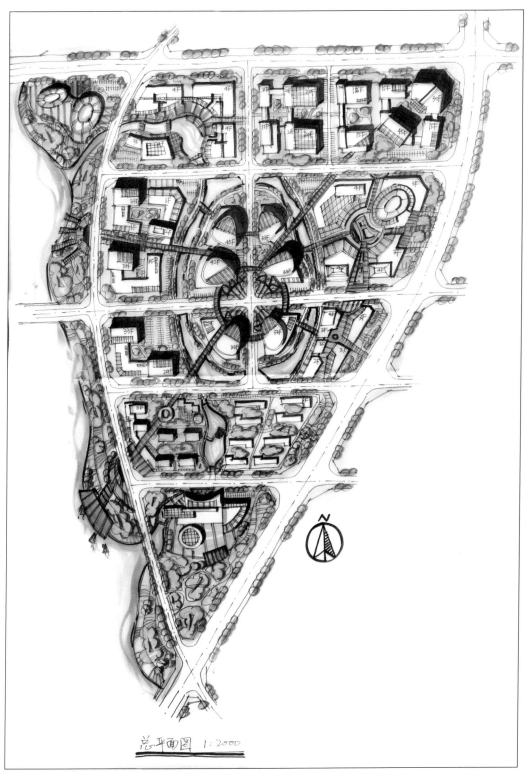

总平面图 1:2000

图 6-3-7   刘旸绘制

图 6-3-8

刘旸绘制

<table>
<tr>
<td>案
例
评
析</td>
<td>　　该方案重点塑造了中心商务空间，通过建筑形式、体量和高度的对比，使得核心空间突出。从核心空间放射出景观轴线与周边地块相联系，但轴线关系和空间感不够强烈。建筑布局较为合理，体量过渡变化自然。
　　方案表现较为干净、清爽，鸟瞰图的建筑体量关系表现突出，但色彩变化较少。</td>
</tr>
</table>

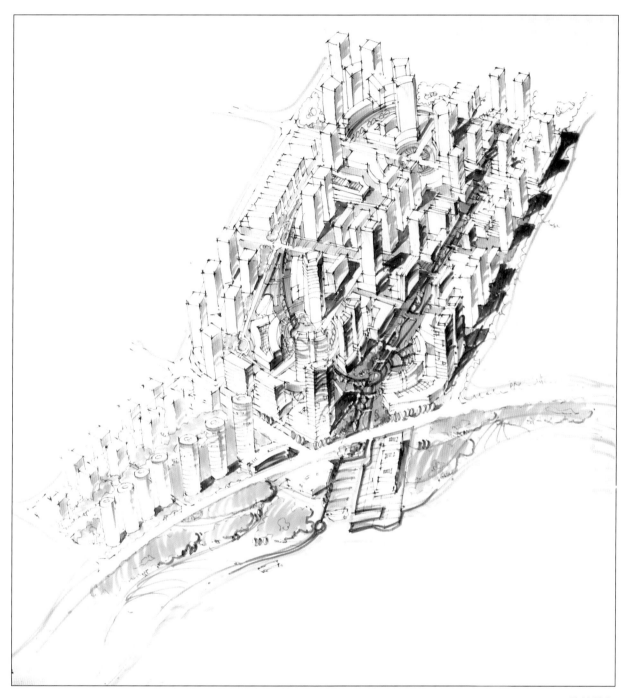

图 6-3-9 陈恺绘制

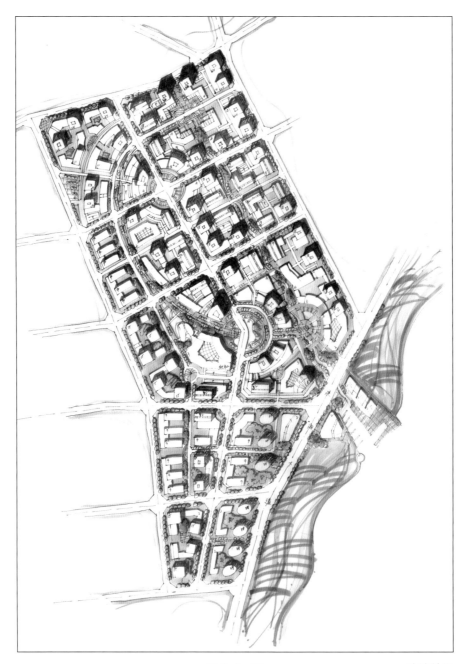

图 6-3-10   陈恺绘制

案例评析

    该方案整体性很强，建筑组团布置合理，景观轴线收放自如，核心区和周边组团表达深度有区分，形成了良好的对比，有助于突出方案的重点。

    方案整体表现较为清新，没有过多的修饰，对建筑肌理关系和高度关系表现到位。

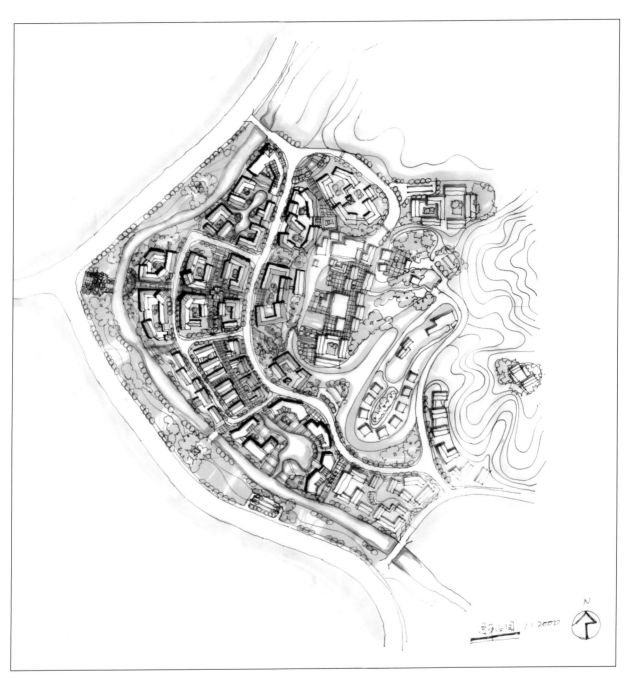

图 6-3-11

周玲吉绘制

图 6-3-12   周玲吉绘制

案例评析

　　该方案所处地形复杂，组团分布较为自由，建筑布局和地形关系处理较好，组团内部建筑组合形式多样，同时与周围环境较好地呼应。横纵两轴变化灵活，节点处理恰当，使方案较为紧凑。

　　方案的鸟瞰图表现深度稍有欠缺，建筑关系表现稍显混乱，有待加强。

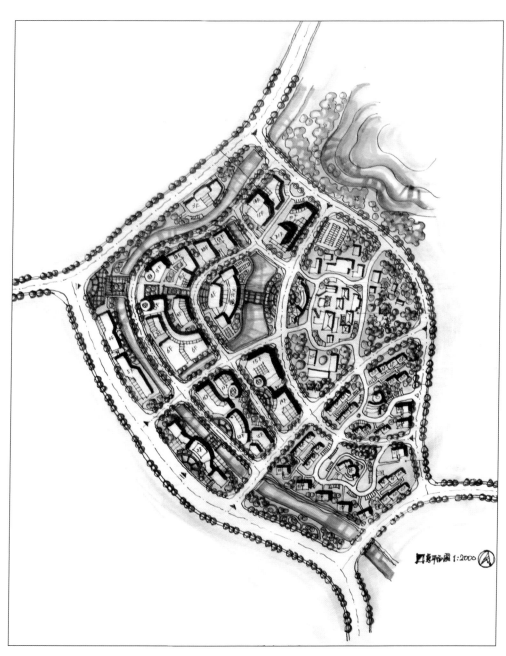

图 6-3-13

曹哲静绘制

案例评析

　　该方案将水系引入地块内，使环境景观有所提升，利用中轴线将核心空间串联，并以集散广场结束两端，起到了良好的引导作用。但商业建筑体量较大，与其他组团差别较大。

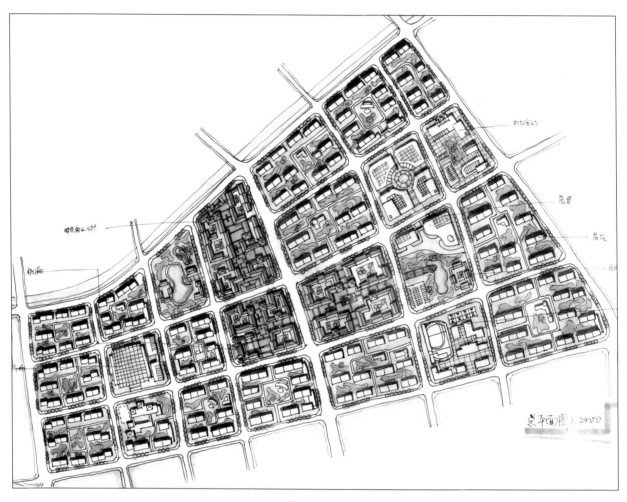

图 6-3-14   李倩茹绘制

案例评析

　　该方案使用了典型的格网结构，建筑布局中规中矩，核心特色商业街与周边地块有一定区分，重点突出。方案整体较为和谐、统一，虽然暗沉，空间变化不多，但是在建设条件较为严格的规整体块里，属于比较成熟的表达。

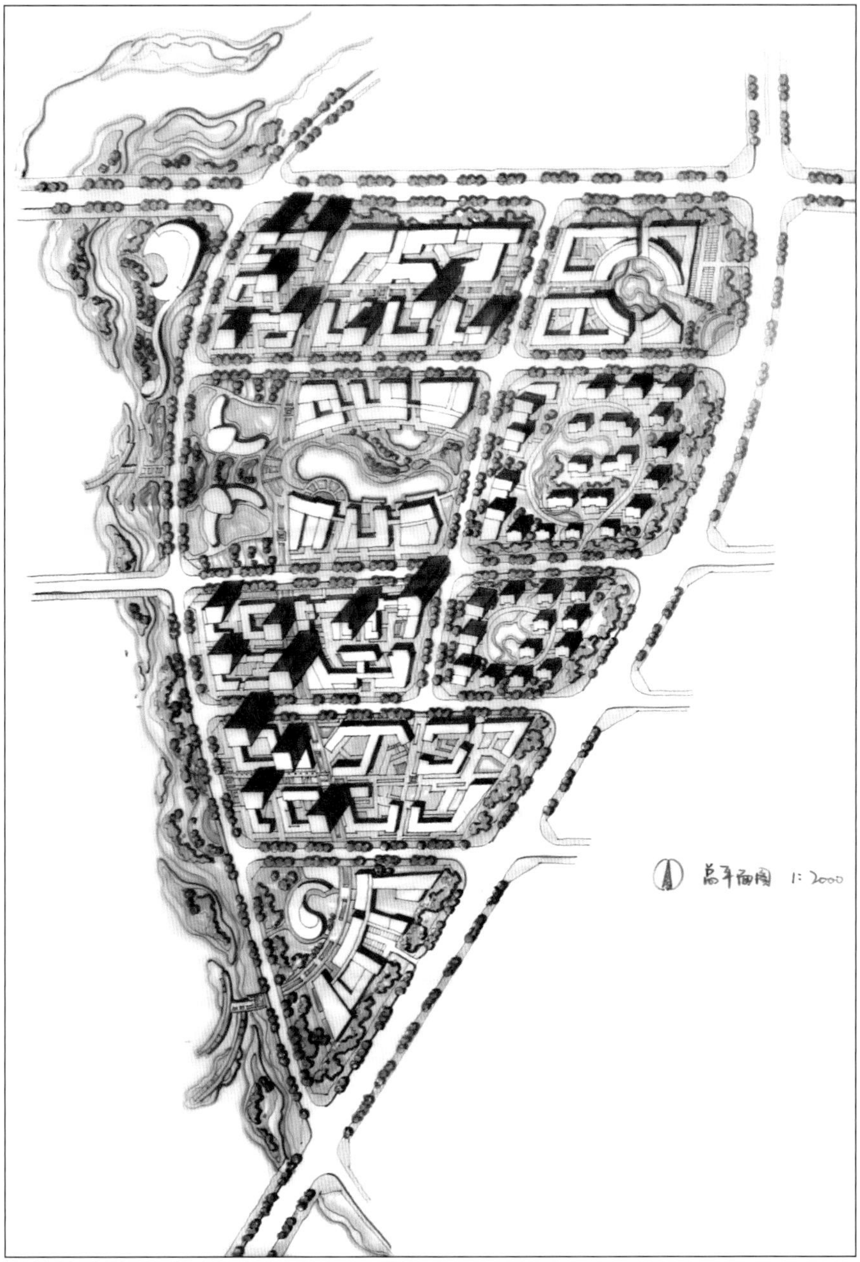

图 6-3-15　　　　　　　　　　姜薇绘制

案例评析

　　该方案区块分明，建筑布局流畅自然，体量肌理变化丰富。主要轴线与组团关系融洽，与滨水景观联系紧密，使整个景观系统与地块较好地契合。功能分区明确，组团划分严谨有致，衔接自然。方案整体表现清爽、利落，色彩层次丰富，线条稳重，表现手法较为成熟。

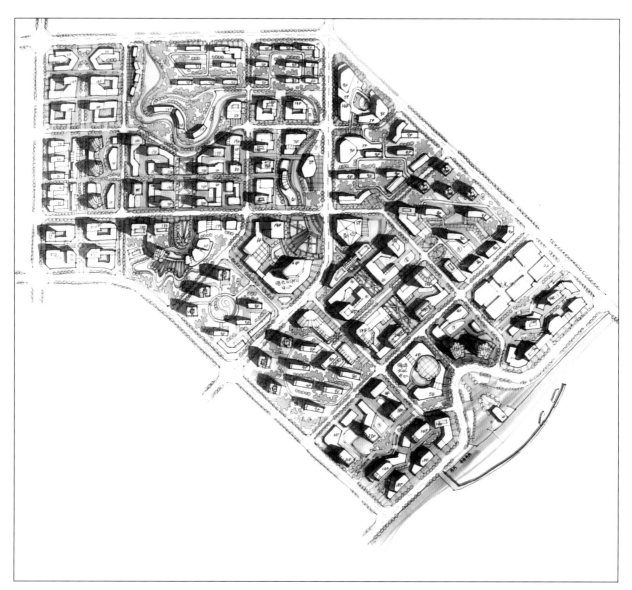

图 6-3-16   王祎绘制

案例评析

　　该方案采用了格网结构的变体来组织空间，建筑布局灵活、多变，充分考虑了区域交通的便捷性、建设地块划分及建筑朝向的合理性。非规整地块的建筑排布手法较为成熟，与地形关系处理较好。但画面整体表现深度较为均质，重点体量不够突出。

图 6-3-17   孙启真绘制

案例评析

　　该方案着眼于旧城更新，通过与周边地块的建筑肌理和体量对比，突出了核心区域空间。横竖两条轴线贯通整个区域，在最大限度保护旧城建筑的基础上使组团紧密联系，绕城水系通过慢行系统与旧城区相结合，提升了景观的可达性。

　　方案核心轴线色彩鲜明、重点突出、表现力较强，但是既有建筑的区分不明显。

6.3.3 公园景观类

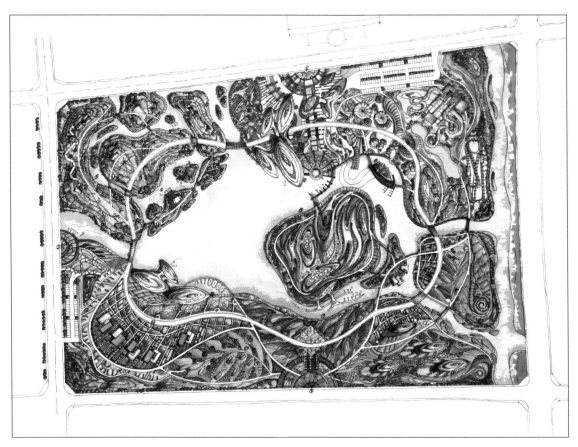

图 6-3-18 　　　　　　　　　　　　　　　　　　陈恺绘制

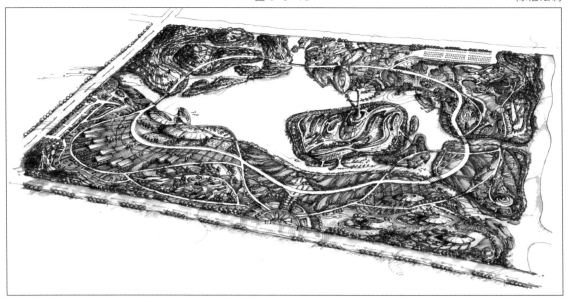

图 6-3-19 　　　　　　　　　　　　　　　　　　陈恺绘制

案例评析

　　该方案流线丰富，以环形路网串联各组团，入口布局经过仔细考量。水体、岛屿、绿地等景观要素被统合布置，景观视线和轴线位置也有较好处理。画面整体表现突出，色彩层次丰富，有很强的空间感，色彩运用自如，体现出作者较深厚的美术功底。

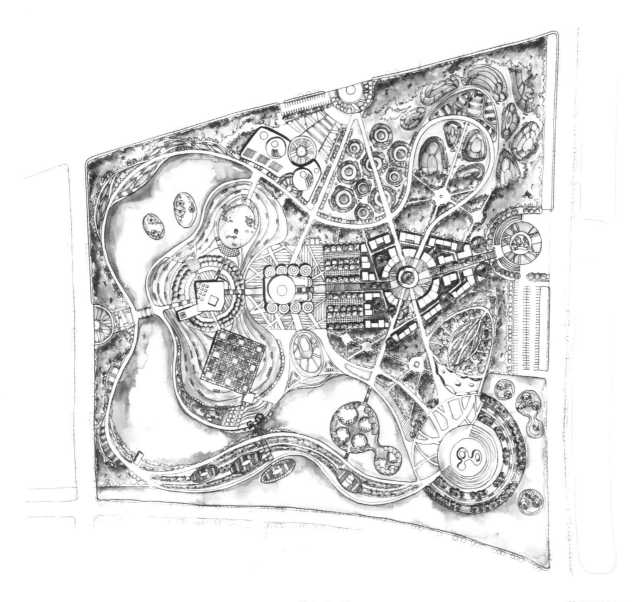

图 6-3-20

敖子昂绘制

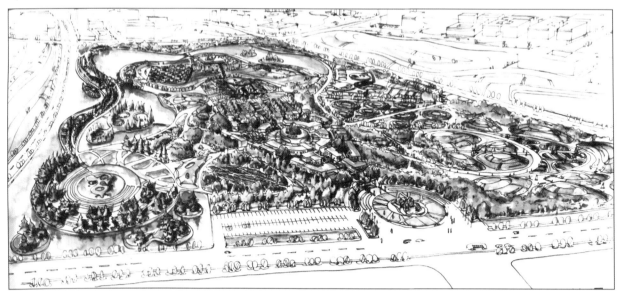

图 6-3-21   敖子昂绘制

案例评析

　　该方案以环路和放射状道路相结合进行流线设计，使各组团联系紧密，整体性较强。水彩渲染加马克笔的表现形式让色彩过渡更加自然，采用互补色点缀方案的核心空间，使画面显得较为活泼、生动。整体明暗对比、色彩对比都非常和谐。